KB179310

RNA 이야기

생명의 시작에서 리보자임, 에이즈까지

야나가와 히로시 지음
김우호 옮김

전파과학사

프롤로그: RNA학의 새로운 전개

RNA는 생명의 기원을 푸는 열쇠를 쥐고 있다

사람은 오늘날까지 생명의 시초를 생각할 때 닭과 달걀의 관계와 같은 역설(Paradox)에 시달려 왔다. 즉, 정보(달걀)가 먼저인가, 기능(닭)이 먼저인가 하는 문제이다. 오늘날의 생명에서는 유전정보의 흐름은 DNA(데옥시리보 핵산)→RNA(리보 핵산)→단백질의 순서이다. 이것을 중심명제(Central Dogma)라고 부른다. 따라서 정보는 핵산에, 기능은 단백질에 있다. 핵산은 단백질의 작용에 의해서 만들어지며 그 단백질을 만드는 데 필요한 정보는 핵산이 지니고 있다. 어느 쪽이 먼저 출현한 것일까? 시초가 있어야만 한다.

이 역설적인 문제는 핵산의 일종인 RNA가 단백질의 도움을 받지 않고 자기 스스로 촉매반응을 행한다는 사실의 발견에 의해서 새로운 국면을 맞게 되었다. 지금까지 유전정보의 담체(擔體)라고 생각되었던 핵산이 단백질과 마찬가지로 촉매기능을 지닌다는 사실은, 최초의 생명이 핵산으로부터 시작하였다는 가능성을 강력히 시사하고 있다.

중심명제에서는 DNA가 정보의 모든 것을 장악하고 있다. RNA는 DNA의 정보를 받아 단백질에 넘겨주는 전달자(Messenger)의 역할밖에 하지 못하고 있다. 즉, DNA가 주역(主役)이며 RNA는 겉에 나타나지 않는 배후역(背後役)이다. 그러나 최근 생명이 처음으로 탄생된 무렵에는 유전정보의 담체는 DNA가 아닌 RNA가 지니고 있었다고 생각하게 되었다. 그 이유로서는 RNA의 구성성분인 리보오스(Ribose)가 DNA의 구성성분인 데옥시리보오스(Deoxyriose)에 비해서 무생물적으로 생기기 쉽다는 것, RNA는 DNA에 비해서 생물학적으로 다채로운 기능을 지니고 있다는 것, RNA는 유전정보와 촉매 양쪽의 기능을 지니고 있다는 것 등을 들 수 있다.

RNA는 자기 자신을 복제(複製)하는 데 알맞은 성질을 지니고 있다. 4종의 염기(鹽基) 사이에서 쌍(雙)을 만들어 서로 상보적(相補的)으로 되는 가닥을 형성할 수 있다. 즉, 한 가닥을 주형(第型, 본)으로 하여 다른 한 가닥을 만들 수 있는 것이다. 이것에 의해서 RNA는 자기 자신을 복제하며 증식시킬 수 있는 것이다. 만약 원시 RNA가 RNA의 복제반응을 촉매할 수 있었다면 이 가상적인 분자는 유전정보와 촉매기능의 1인 2역을 할 수 있게 되어 원시 생명이라고 불릴 자격을 갖고 있다.

RNA는 핵산 염기(核酸鹽基)와 리보오스(5탄당), 그리고 인산(燐酸)의 3가지 부분으로 구성되어 있다. 핵산 염기는 사이안(Cyan)화수소(HCN)로부터, 리보오스는 포름알데히드(HCHO)로부터 무생물적으로 합성된다. HCN이나 HCHO는 우주에 보편적으로 존재하고 있으며 시원적(始原的)인 물질이다. 그러므로 원시 지구상에 존재하고 있던 것으로 상상되는 '원시 수프(原始 Soup)'에는 이들 유기물이 많이 합성되고 축적되어 있었다고 생각된다. 그중에는 RNA의 구성성분인 뉴클레오티드(Nucleotide)도 함유되어 있어, 화학적으로 무작위(無作爲)로 연결되어 커다란 분자로 성장해 갔다. 이처럼 합성된 RNA의 대부분은 복제능력을 지닐 수는 없었으나, 복제능력을 지닌 것이 우연히 나타나 많은 RNA 분자를 생산해 갔다. 복제의 잘

못으로 인하여 생긴 변이 RNA 중에서 어미 분자보다 효율이 좋은 것이 나타나 어미 분자는 도태(海汰)되어 갔다. 이처럼 RNA는 증식하고 진화(進化)하여 원시 수프의 패권자(霸權者)로서 RNA 독자의 세계(RNA World)를 창출해 갔다.

RNA가 '살아 있는' 분자이기 위해서는 자기 복제를 행하는 것 외에 대사(代謝)하는 것도 필요하다. RNA의 다채로운 기능의 면모는 현재의 생명의 기교에서도 엿보인다. 세포 내의 단백질 합성에는 전령(傳令, Messenger) RNA(mRNA), 전이(轉移, Transfer) RNA(tRNA), 리보솜(Ribosome) RNA(rRNA)라는 3종의 RNA가 중요한 작용을 하고 있다. mRNA는 단백질 합성에 관한 정보의 전달을, tRNA는 아미노(Amino)산의 운반을, rRNA는 단백질 합성 공장으로서의 기능을 하고 있다. 또한 저분자 RNA 관련 화합물에는 효소의 촉매작용을 돕는 보효소의 역할을 지닌 것이 많다. 아데노신-5′-3인산(ATP)은 생체의 에너지(Energy)원으로서 매우 중요한 역할을 하고 있다.

RNA는 다채로운 기능을 지니고 있다

최근 분자생물학의 진전에 따라 RNA는 매우 다채로운 기능을 지니고 있다는 것이 알려지게 되었다. RNA의 촉매작용도 그 한 가지이다. 자기 자신이 절단이나 연결반응을 할 수 있거나, 다른 RNA를 특이적으로 절단하거나, 자기 절단을 하거나 하는 RNA도 알려지게 되었다.

RNA는 DNA로부터 전사된 후 프로세싱(Processing)이라는 과정에서 갖가지로 화장(化粧)을 하게 된다. 예컨대, mRNA의 머리 부분에는 캡(Cap)이라고 불리는 구조가 붙게 되며 꼬리에는 폴리(Poly) A라는 구조가 덧붙는다. 그 후 단백질로 번역되지 않는 '인트론(Intron)'이라는 부분이 잘려 나가고 단백질로 번역되는 '엑손(Exon)'이라는 부분이 연결된다. 이 과정을 '스플라이싱(Splicing)'이라고 한다. 더욱이 최근 RNA의 편집(編輯)이라는 과정도 알려지게 되었다. RNA가 전사된 후 어떤 길이의 우리딜산(Uridylic Acid)이 부가되거나 삭제되거나 한다. 이처럼 RNA는 생체 내에서는 복잡한 과정을 거쳐 합성된다.

오늘날 우리들의 주변에는 매우 많은 종류의 바이러스(Virus)가 존재하고 있다. 바이러스 중에는 RNA를 유전자로 지니는 RNA 바이러스들이 있다. 이 RNA 바이러스는 인간의 경우에는 독감(Influenza), 후천성 면역 결핍 증후군(AIDS), 암(癌) 등의 질병을 야기한다. 인간뿐만 아니라 돼지, 고양이, 개, 쥐나 새, 곤충도 바이러스에 의해서 고통받는다. 또한 담배, 토마토, 감자와 같은 식물도 RNA 바이러스의 공격에 노출되고 있다. RNA 바이러스는 질병을 일으키기만 하는 것이 아니다. 고양이나 쥐와 같이 탄생할 때부터 RNA 바이러스의 유전자를 스스로 지니고 있는 것도 있어서, 이와 같은 유전자는 오랜 기간에 걸쳐 종(種)의 보존이나 번영, 진화에 유리하게 작용하여 왔다고 생각되고 있다.

이처럼 RNA는 다양하고 다채로운 기능을 지니며 지구상의 생물의 생활에 밀접하게 연관되어 있다. 또한 생명의 첫 시작에 있어서의 물질로서 생명 탄생의 열쇠를 쥐고 있었다고 생각되고 있다. 이 책에서는 이처럼 현재의 생명에서 다종다양한 기능을 지니며, 또한 생명 탄생의 초기에 있어서 중요한 역할을 연출한 RNA에 스포트라이트(Spotlight)를 비추어 RNA의 모든 것을 노출시키고자 시도하였고 책의 제목도 『RNA 이야기』
로 하였다. 폭넓게 독자들에게 읽히기를 원하고 있으며, 특히
지금부터 생명과학 공부를 하고자 하는 젊은이들이 이 책을 읽
고, 어려운 문제가 아직도 쌓여 있는 생명과학의 연구 분야에
도전하고자 하는 마음을 북돋아준다면 의도의 반은 달성되었다
고 할 것이다. 또한 일반 독자들도 생명의 기교와 RNA의 역할
을 이해함과 더불어, 생명이 어떻게 탄생하여 오늘에 이르렀는
가의 역사성도 이해해 줌으로써 지구상의 생명의 미래를 생각
하는 데 도움이 된다면 다행스러운 일이다.

차례

1장
생명의 기본적 장치와 RNA

생명의 기원을 어디에서 구할 것인가

화학진화설

현재 지구상의 생명은 약 30억여 년 전 원시의 바다에서 탄생되었다고 생화학적, 고생물학적으로 생각되고 있다. 이 지구내 생명기원설은 오늘날 생명기원론자들 대다수의 지지를 얻고 있다.

우리들이 살고 있는 지구는 약 46억 년 전에 형성되었다. 그리하여 이 지구라는 거대한 플라스크(Flask) 속에서 생명이 탄생되었다. 지구상에서 생명이 탄생될 때 돌연히 탄생된 것은 아니다. 간단한 물질로부터 복잡한 물질을 차차 합성하면서 질서 있는 시스템을 형성하고 그 기능을 높여 보다 생물에 가까운 것으로 진화되어 갔다. 지구가 형성되어 최초의 생명이 탄생되기까지의 약 수십억 년을 화학진화의 시대, 그 이후를 생물진화의 시대라고 부른다. 즉, 화학진화 과정을 연구하는 것은 물질의 진화 과정을 화학적으로 연구하는 것에 지나지 않는다.

화학진화의 과정은 크게 4단계로 나눌 수 있다. (1) 원시대기로부터 포름알데히드(포르말린, Formalin), 사이안화수소, 사이아노아세틸렌(Cyanoacetylene), 카본서브옥시드(Carbon Suboxide: C_3O_2) 등의 반응성에 풍부한 시원물질(始原物質)이 생기는 단계, (2) 시원물질로부터 아미노산, 핵산 염기, 당, 지방산 등의 저분자화합물이 생기는 단계, (3) 그들 저분자화합물이 연결되어 단백질, 핵산, 다당류, 지질 등의 고분자화합물이 생기는 단계, (4) 그들 고분자화합물이 상호작용하여 조직화, 촉매, 복제 등의 기능을 지닌 원시 세포나 원시 생명으로 발전하는 단계이다.

지구 외 생명기원설

한편 극소수의 사람들은 지구 외 생명기원설(地球外生命起源說)을 주장하고 있다. 예컨대, 운석설(隕石說)이나 판스페르미아설(汎胚種說)이 있다. 운석설은 영국의 물리학자 켈빈(Kelvin)이 1871년에 주장한 설로, 동물이나 식물의 배종(强種)이 천체의 부스러기, 즉 운석에 부착하여 지구에 운반되었다고 믿는 생각이다. 판스페르미아설은 스웨덴의 유명한 물리학자 아레니우스(Arrhenius)의 설로, 지구상의 생물은 지구에서 생긴 것이 아니고 다른 천체로부터 포자(胞子)나 식물의 종자와 같은 배종에 의해서 초래된 것이라는 생각이다. 그는 1미크론(Micron, 지금은 Micrometer로 호칭함) 이하의 미립자는 태양광으로부터 광압(光壓)을 받아 우주 공간을 전파하는 것이 역학적으로 가능하다는 것을 나타내었다. 그러나 현재 갖가지 고에너지로 충만되어 있는 우주 공간을, 어떤 배종이 다른 천체로부터의 적당한 방어장치 없이 오랜 세월을 비행한다는 것은 불가능한 것으로 생각되고 있다.

영국의 물리학자 크릭(Crick)〔DNA의 이중나선 구조의 해명으로 왓슨(Watson)과 더불어 노벨상 수상〕과 미국의 화학자 오겔은 네오판스페르미아(Neopanspermia)설을 주장하고 있다. 그들은 지구가 탄생하기 이전에 우주의 다른 행성에서 생명이 발생하여 생물진화의 결과 지적 문명이 탄생하게 되고, 그 지적 문명이 로켓으로 생명의 배종의 미생물을 지구에 의도적으로 수송한 것이라고 생각하였다. 그들은 이와 같은 설의 근거로서 몰리브데넘(Mo) 원소의 생물학적 이용성을 들고 있다. 지구상의 생물은 몰리브데넘을 필수로 하고 있으나 지각(地穀)에는 적다. 한

편, 지각에 많이 존재하는 크로뮴(Cr)은 생체에 있어 유해한 원
소이다. 이것은 보다 많이 존재하는 원소일수록 생체에 이용되
었다는 사고방식과 모순되는 것이다. 그러므로 지구상의 생물
은 몰리브데넘이 풍부한 다른 행성으로부터 온 것이 틀림없다
고 그들은 생각한 것이다. 그러나 이 2가지 원소의 존재량은
지각과 해수 중에서는 역전하고 있으며 지구 생물은 해수 중에
많이 용해되어 있던 몰리브데넘을 양이 적은 크로뮴보다 매우
잘 이용하였다고 생각한다면, 몰리브데넘이 풍부한 행성을 생
각하지 않더라도 잘 설명될 수 있으며 그 많고 적음은 네오판
스페르미아설을 지지할 근거가 되지 못한다.

또한 영국의 천체물리학자 호일은 지구상의 생명은 혜성(彗
星) 내에서 발생하였다고 생각하였다. 혜성이 원시 태양계 중의
천왕성 부근에서 탄생한 것으로 생각하고, 이때 그 주변에 존
재하고 있던 분자가 취입되어 혜성의 핵 내의 용해된 물속에서
반응하여 진화한 결과 세균(Bacteria)이나 바이러스(Virus)가 발
생하였으며, 그리하여 혜성이 지구에 충돌 혹은 접근하였을 때
그 속의 생물이 지구상에 떨어졌을 것으로 생각하였다. 또한
그들은 원시 태양계의 별 사이에 떠 있는 먼지 속에 이미 세균
등이 부착하고 있다가 그것이 혜성이 형성될 때 취입된 것이라
고도 생각하였다. 그들의 가설은 대담하여 독특하기는 하였으
나 많은 반론이 있었으며, 이것을 지지하는 연구자는 적었다.

이처럼 지구 외 생명기원설은 현재까지의 과학적 데이터로서
는 충분히 설명될 수 없으며 가능성은 매우 적다. 또한 지구
외 생명기원설은 생명 탄생의 장소를 지구 이외에서 구할 뿐으
로, 생명의 기원을 명백히 한다는 목적으로 본다면 본질적인

해결이 이루어진 것이 아니다.

생명은 바다에서 탄생하였다

생명이 탄생하였을 무렵에는 대기 중에 산소가 존재하지 않았다. 현재 대기 중의 산소는 식물의 광합성에 의해서 만들어졌다. 지구상의 생물은 산소로부터 만들어진 성층권(成層圈)의 오존(Ozone)층에 의해서 태양으로부터의 자외선이나 우주선의 손상작용으로부터 보호되고 있다. 최초의 생명이 탄생된 무렵에는 오존의 장벽도 없었으므로 강력한 자외선이나 우주선이 지구상을 조사(照射)하고 있었다. 그러므로 육상에서는 생명이 존재할 수 없었다.

그러면 최초의 생명은 원시 바다의 어떤 곳에서 탄생되었을 것인가? 바닷물이 들어와서는 빠지는 간석지(干潟地)나, 100℃ 정도까지의 따뜻한 바닷속, 최근 주목되고 있는 350℃의 열수(熱水)를 분출하고 있는 해저의 열수 분출공 부근 등 갖가지 바다의 환경이 상상될 수 있다.

생명과 바다의 원소조성은 비슷하다

어째서 생명은 바다에서 생겨났다고 생각할 수 있는 것인가? 그것은 현재의 생물과 바다의 원소조성(元素組成)이 매우 흡사하기 때문이다. 현재의 생명은 천연적으로 존재하는 92종의 원소 중 30종 가까이의 원소를 이용하여 만들어져 있다. 인체, 해수, 지구 표층(기권, 수권, 지각)에 있어서의 원소의 존재에 대해서 살펴보면 인체에 가장 많이 존재하는 4원소는 수소, 산소, 질소, 탄소이다(표 1-1).

〈표 1-1〉 인체, 해수, 지구 표층에 존재하는 주요 원소

함유 순위	1	2	3	4	5	6	7	8	9	10	(11)
인체	H	O	C	N	Ca	P	S	Na	K	Cl	(Mg)
해수	H	O	Cl	Na	Mg	S	Ca	K	C	N	
지구 표층	O	Si	H	Al	Na	Ca	Fe	Mg	K	Ti	

　함량이 많은 쪽으로부터 10위까지의 범위 내에서, 해수에는 포함되어 있으나 인체에 포함되어 있지 않은 원소는 마그네슘(Mg)뿐이다. 그러나 11위 중에는 들어 있다. 반대로 10위까지 중에서 인체에는 함유되어 있으나 해수에 함유되어 있지 않은 원소는 인(P)이다. 인체의 6위인 인 대신 11위의 마그네슘으로 대치된다면 인체와 해수의 원소의 종류는 마찬가지가 된다. 이처럼 인체의 다량 원소와 해수의 다량 원소 사이에는 명확한 상관관계가 보인다. 그러나 인체의 다량 원소와 지구 표층의 그것들을 비교하였을 때는 상관관계가 보이지 않는다. 즉, 지구 표층 중에 많은 규소(Si)나 알루미늄(Al)은 인체의 다량 원소의 범위 내에는 전혀 들어 있지 않다. 이와 같은 사실과 약 4억 년 전의 생물은 거의 해서(海棲)생물이었다는 고생물학적 사실로 미루어, 생명은 바다에서 탄생하였다고 한다.

　현재의 해수 조성은 전 세계 어느 곳에서나 거의 동일하다. 이것은 암석으로부터 용출(落出)되어 나온 화학성분이 물에 용해되기 어려운 염(鹽)을 형성하여, 전부 그대로 침전하여 버림으로써 해수로부터 제외되어 버리기 때문이다.

〈표 1-2〉 미량 원소의 해중 농도와 생물학적 기능

InM은 10억분의 IM. 해중 농도가 InM 이하의 원소로서는 수은(Hg, 0.7), 지르코늄(Zr, 0.3), 나이오븀(Nb, 0.2), 이트륨(Y, 0.1), 납(Pb, 0.1) 등이 있으나 모두 현재까지 생원소라는 생화학적인 근거가 없음

원소	해중 농도 (nM)	생물학적 기능
몰리브데넘(Mo)	100	혐기성균을 포함하여 모든 생물에 필요
아연(Zn)	80	위와 같음
철(Fe)	60	위와 같음
바나듐(V)	40	많은 생물에 필요
타이타늄(Ti)	20	현재까지 생원소라는 증거는 없음
구리(Cu)	10	혐기성균 이외의 모든 생물에 필요
우라늄(U)	10	현재까지 생원소라는 증거는 없음
니켈(Ni)	10	어떤 종류의 육상 고등 동식물에 필요
망가니즈(Mn)	7	많은 생물에 필요
코발트(Co)	7	위와 같음
크로뮴(Cr)	4	현재까지 생원소라는 증거는 없음
은(Ag)	3	위와 같음
카드뮴(Cd)	1	위와 같음

미량 원소도 생물기능에 중요하다

또한 해수 중의 미량 원소(몰리브데넘, 아연, 철, 동, 바나듐, 망가니즈, 코발트)의 농도와 그 생물학적 기능 간에도 밀접한 상관관계가 존재한다(표 1-2). 예컨대 해수 중에 고농도로 존재하는 몰리브데넘(100나노몰, 1나노몰은 10억 분의 1몰), 아연(80나노몰), 철(60나노몰)은 가장 원시적인 세균이라고 생각되고 있는 클로스트리듐(Clostridium) 등의 효소계에 널리 이용되고 있다. 몰

리브데넘은 니트로게나아제(질소나 아세틸렌으로부터 암모니아나 에틸렌을 만드는 효소), 질산환원효소(질산염을 아질산염으로 환원하는 효소), 개미산탈수소효소(개미산 이온을 이산화탄소로 산화하는 효소) 등 간단한 분자의 합성에 관여하는 효소에, 아연은 핵산이나 단백질의 중합(重合)이나 가수분해, 즉 고분자의 합성이나 분해 등의 정보전달에 관여하는 효소에, 철은 시토크로뮴 c 옥시다아제, 하이드로키나아제, 페레독신(Ferredoxin) 등의 전자전달계, 즉 에너지 대사에 관여하는 효소의 촉매 중심부에 각각 존재하고 있다. 대체적으로 보면 생명의 유지에 필요한 물질대사, 정보전달, 에너지 대사가 이 3종의 원소에 의해서 분업되어 있다고 할 수 있다.

이들 미량 원소가 결핍되면 질병을 일으킨다. 예컨대 철이 결핍되면 빈혈증, 아연이 결핍되면 소인증(小人症), 셀레늄이 결핍되면 심근증(心筋症)이 된다. 또한 미량 원소는 스트레스, 면역저하, 신경 장애, 노화, 암 등의 현대병이나 성인병과도 관계하고 있다. 최근에는 어린이, 젊은 여성, 임신부, 노인 등의 잠재적 미량 원소 부족(특히 철과 아연)이 문제되고 있다. 그중에서도 젊은 여성의 철분 부족에 의한 빈혈증이 주목되고 있다. 이처럼 미량 원소는 생명의 기능에 밀접하게 관련되어 있다.

이와 같은 사실들은 생명이 바다에서 탄생되었다는 것과, 생명이 탄생될 무렵 원시 바다의 조성은 현재의 그것과 본질적으로 그리 다르지 않았던 것이 아닌가 하는 점을 시사하고 있다. 그리하여 해수 중에 비교적 많이 존재하는 몰리브데넘, 아연, 철, 동, 망가니즈, 코발트 등은 초기의 화학진화와 그것에 연속되는 생물진화의 과정에서 매우 중요한 역할을 다하였을 것이 틀림없다. 화학진화, 초기 생물진화의 과정에서 유효하고 얻기 쉬웠던 원소가 생명의 소재로서 순서대로 선정되어 갔다. 따라서 생명의 시스템의 주 골격은 해수 중에 다량으로 존재하는 10종류 정도의 원소로 구성되어 있으며, 그 외에 효소의 촉매의 중심부 등이 미량 원소로 만들어진 것이다.

미량 천이 원소(微量遷移元素)도 해수 중에 다량으로 존재하는 것일수록 우선적으로 사용되었다. 그리하여 어떤 농도 이하의 원소는 사용되지 못하였다. 그것을 생물학적 임계농도(臨界濃度)라고 한다. 다시 말하면 임계농도 이상의 원소는 화학진화와 그것에 연속하는 초기 생물진화에 영향을 미치며, 그 원소가 유효한 경우에는 생물에 이용되는 생원소가 되고, 유효하지 않은 경우에는 생명이 그 원소에 대해서 저항성을 획득해 갔다. 임계농도 이하의 원소 중에서도 특히 반응성이 높은 것, 예컨대 수은(Hg), 카드뮴(Cd), 비스무트(Bi), 납(Pb) 등은 생명에 대해서 유독하다. 그러므로 인간이 이와 같은 유독 원소를 하천이나 바다에 흘려 보내면 공해문제를 야기하는 것이다. 일본에서는 '미나마타병'(유기수은)이나 '이타이이타이병'(카드뮴) 등의 공해병을 경험하고 있다. 그러나 최근에는 크로뮴, 카드뮴, 비소, 셀레늄(Se), 주석(Sn), 납 등 임계농도 이하의 극미량 원소도, 대량으로 섭취하면 유독하나 극미량은 생체의 기능 유지에 필요하다는 것이 알려지게 되었다. 이들 원소가 부족하게 되면 성장이 저해(沮害)되거나 생식기능이 저하되거나 간장 장애 등을 야기하거나 한다.

다음으로 이와 같은 원시의 바다에서 탄생하여 진화해 온 생명이란 대체 무엇인가에 대해서 생각해 보기로 하자.

생명이란 무엇인가

생명의 정의

생명이란 무엇인가? 오늘날 우리들은 다행인지 불행인지 몰라도 지구상의 생명밖에 알지 못한다. 우리들은 생명이라는 말을 매일 아무렇지 않게 사용하고 있다. 누구나 개나 고양이 등의 동물과 풀이나 꽃 등의 식물은 생명을 지니고 있다고 보고 있으며, 자동차나 컴퓨터(Computer) 등은 생명을 지니고 있다고 생각지 않는다. 이처럼 생명을 지니고 있는 것과 생명을 지니고 있지 않은 것과의 구별은 누구나 쉽게 할 수 있다.

생명이라는 낱말은 인간의 사상이나 정신활동 등에 있어서도 사용된다. 그러므로 그 근거에 따라 갖가지 정의가 가능하다. 생물학이나 물리화학 등 형이하(形而下)의 자연과학적인 정의나, 철학이나 종교 등 형이상의 정의 등이 그것이다. 고단샤의 컬러판 『일본어대사전』에는 생명이 '생물이 생물로서 존재하기 위한 근본적 힘. 생물의 발육, 운동, 번식 등의 생활현상으로부터 추상되는 개념'이라고 정의되어 있다. 어쨌든 알게 된 듯한 기분이나 개운하지 못하다. 이처럼 생명을 간단히 정의하고 한마디로 표현한다는 것은 어렵다. 그러나 어떤 측면으로부터 생명의 기본적인 성격이나 특징을 표현하는 것은 가능한 일이다.

애니미즘과 생기론

인류의 조상은 400만~600만 년 전 유인원(類人猿)에서 제일 가까운 침팬지(Chimpanzee)로부터 갈라져 인간으로서의 길을 걷기 시작하였다. 그로부터 약 200만 년 전의 오스트랄로피테

쿠스(Australopithecus)와 같은 원인(猿人), 30만~100만 년 전의 피테칸트로푸스(Pithecanthropus)나 시난드로푸스(Sinanthropus) 와 같은 원인(原人), 20만 년 전의 네안데르탈(Neanderthal)인과 같은 구인(舊人), 3만~4만 년 전의 크로마뇽(Cromagnon)인과 같은 신인(新人)을 거쳐 현대 인류가 되었다고 한다. 사람은 자기 자신의 존재에 대해서 생각할 수 있는 유일한 동물이다. 사람 은 언제부터 자연과 생명에 대해서 생각할 수 있게 되었을까?

다분히 네안데르탈인의 시대로부터 자기 자신의 존재나 그 이유에 대해서 생각하였을 것이라고 믿어진다. 사람은 하늘을 바라보며 태양이나 달과 별들의 움직임, 자기 주변의 자연을 바라보고 동물과 식물의 생사를 알게 되었다. 생명의 대부분은 성장과 더불어 사멸하여야 한다는 것, 성장과 더불어 소멸이 있다는 것을 알게 되었다. 네안데르탈인의 주거지 조사에서 그 들은 이미 죽은 자를 꽃으로 덮는 매장의식을 갖고 있었다는 것을 알 수 있다. 그들은 하나의 작은 사회를 형성하고 장의(葬 儀)의식을 행하였으며 사후의 세계에 대해서 갖가지 생각을 하 였을 것이다. 이와 같은 행동이나 사고방식이야말로 인간으로 서의 원형인 것이다.

또한 우리들의 직접적인 조상인 빙하시대의 크로마뇽인은 정 교한 석기(石器)나 돌과 조개껍데기를 엮은 목걸이 등의 장신구 도 만들있있다. 그들은 죽은 자를 정중히 매장하고 생명력의 다산 풍요(多産豊饒)를 빌었으며 모성(母性)의 신상(神像)을 받들었 다. 또한 스페인의 '알타미라'나 프랑스의 '라스코' 동굴에서 볼 수 있는 것과 같이 비밀 장소에 동물 그림을 그려놓고 수렵의 풍요를 빌었다. 원시적인 종교나 회화와 같은 예술의 싹틈이

이때 이미 나타났으며 정신문화를 상당히 고양하고 있었다. 이와 같은 선사시대의 사람들은 자연현상뿐만 아니라 동물이나 식물, 더구나 무생물에 이르기까지 모두 생명이나 영혼을 지니고 있다는 소위 애니미즘(물활론 또는 정령숭배라고도 함)의 생각을 가지고 있었다. 그러나 현재의 우리들은 이와 같은 애니미즘의 생각을 잊어버리고 있다. 최근 철학자인 우메하라(梅原猛) 씨는 애니미즘의 부활을 제창하고 있다. 공업사회가 되고서부터 인간은 자연을 정복함과 동시에 자연을 파괴하여 왔다. 그러므로 자연을 되돌리고 인간이 살 수 있는 환경을 만들기 위해서는 애니미즘의 사상을 재조명해야 한다고 주장하고 있다.

또한 고대의 철학자 아리스토텔레스(Aristoteles, B.C 384~322)는 생물은 물질에 영혼이 결합한 결과 만들어진 것이라는 생기론(生氣論)의 생각을 제창하였다. 생기론에서는 생명 현상의 합목적성을 인정하고, 그것이 물질의 특별한 조합이 아니라 그 자신에 특이한 자율성의 결과일 것이라고 생각하고 있다. 이와 같은 생기론의 사고(思考)는 20세기 초반까지 주장되었다.

기계론

생기론의 사고에 대비해서 기계론(機城論)의 사고가 있다. 프랑스의 철학자이며 근세 철학의 선조이기도 한 데카르트(Descartes, 1596~1650)는 기계론의 대표자이다. 기계론은 생물을 복잡한 기계로 간주하고 생명현상을 고전적 물리학의 원리로 설명하므로 기계설이라고도 한다. 19세기 이후로는 생명현상을 물리적이거나 화학적인 언어로 설명될 수 있다는 입장으로 환원주의라고도 한다. 또한 최근에는 생물학이나 컴퓨터 등 정보기기의 발전에 수반하여 생명현상을 자동제어의 기구(機構)로서 이해하며 생물체를 자동제어기기로서 생각하는 입장이 유력하게 되었다.

여기에서는 생물학과 물리화학이라는 자연과학의 측면에서 생명의 기본적인 성격이나 특징을 생각해 보자.

생명은 물건을 집어넣을 장치를 지니고 있다

생명은 4가지 기본적 성격을 갖고 있다. 우선 그 한 가지는 생명은 그 속에 집어넣을 장치를 지니고 있다는 점이다. 생체 성분이 물에 그냥 용해되어 있는 것만으로는 생명이라고 할 수 없다. 외부와의 사이에 경계 막이 필요하다. 작은 분자(分子)는 경계 막을 출입할 수 있으나 커다란 분자는 출입이 방해된다. 경계 막은 이와 같은 반투막의 성질을 지니고 있다. 생물의 반투막은 세포막인 것이다.

세포막의 내외에서 물질이나 에너지의 교환이 이루어진다. 필요로 하는 것을 자꾸 취입할 수 있는 것이다. 일반적인 반투막에서는 물질이 농도가 높은 곳으로부터 낮은 곳으로, 즉 농도구배(濃度勾配)에 따라서 흐를 뿐이나 세포막에서는 저농도에서부터 고농도로, 즉 물질을 농도구배에 역행하여 밖으로부터 안으로 능동적으로 취입하며 농축시킬 수 있다. 불필요한 노폐물을 밖으로 배출시킬 수도 있다. 이처럼 세포막의 내외에서는 물질이나 에너지의 교환이 자유로이 행해지며 계(系) 전체로서는 해방계(解放系)인 것이다. 반대로 외부와 물질이나 에너지의 교환이 행해지지 않는 폐쇄계에서는 생명은 사멸되어 버린다. 생명의 최소 단위는 세포이며 그 집어넣을 물건인 세포막은 주로 지질(脂質)과 단백질로 이루어져 있다.

생명은 자기 복제된다

생명의 기본적 성격의 두 번째는 자기 복제(自己複製), 자기 증식이 가능하다는 것이다. 사람은 사람, 개는 개, 고양이는 고양이로부터 탄생되는 것과 같이 생명은 자기와 같은 자손을 증식시킬 수 있는 특성을 지니고 있다.

지구상의 모든 생물종에서는 그 자식이 동일종의 어미로부터 탄생된다. 자기와 같은 것을 만든다는 것은 자손을 증식시키는 것뿐만이 아니다. 생명을 만들고 있는 세포는 시시각각으로 변화하고 있다. 낡은 세포는 죽고 그 대신 새로운 세포가 생겨난다. 즉, 세포는 끊임없이 신진대사(新陳代謝)를 행하고 있다. 그 결과 생명은 언제나 일정한 상태로 유지되고 있는 것이다. 자기 복제, 자기 증식 능력은 모두 DNA(데옥시리보 핵산)의 배열(配列)로 보존되어 있다. 다시 말하여 세포 내의 모든 성분은 DNA의 정보에 근거하여 합성되고 있는 것이다.

생명은 자기 유지될 수 있다

생명의 기본적 성격의 그 세 번째는 자기 유지기능을 갖고 있는 것이다. 즉, 대사를 영위할 수 있다는 것이다.

우리들은 매일 식사를 하고 공기를 끊임없이 들이마시면서 살고 있다. 이것은 우리들의 신체가 자기를 적극적으로 유지하고자 하기 때문이다. 그러므로 생물은 외부로부터 영양원이나 비타민 등 자기가 살아가는 데 필요한 것을 끊임없이 취입해야만 한다. 생명을 적극적으로 유지하기 위해서는 자기를 구성하고 있는 성분을 합성, 분해하거나 에너지를 산출해야 한다. 이것은 모두 효소(酵素)라고 불리는 단백질의 촉매 작용에 의해서 행해진다. 효소는 모두 DNA의 정보에 근거하여 합성된다.

생명은 진화한다

생명의 기본적 성격 중 네 번째는 진화하는 능력을 갖고 있다는 것이다. 생물이 자기 자신을 정확히 복제하는 것만으로는 진화가 일어나지 않는다. 현재의 지구상에 세균과 같은 하등생물로부터 사람이나 원숭이와 같은 고등생물까지가 존재하고 있다는 것은 하등의 것에서 고등의 것으로 점차 진화하여 왔다는 것을 의미하고 있다. 고등생물은 DNA의 돌연변이(突然變異)와 그것에 뒤이은 자연도태(自然海故)에 의해서 진화해 온 것이다.

생명은 세포막을 지니며 외부로부터 자기를 유지하는 데 필요한 소재(素材)나 에너지를 취입하고, DNA의 유전정보에 단백질을 합성하고 그 촉매작용에 의해서 갖가지 구성성분을 합성, 분해할 수 있는 진화하는 분자기계이다. 생명의 시스템을 컴퓨터에 비유한다면 DNA는 정보원(情報源)인 소프트웨어(Software)에, 효소는 기능하는 하드웨어(Hardware) 부분에 해당한다.

생명의 특징은 모두가 종족의 보존과 개체의 유지를 향하여 합목적적으로 되어 있다는 것이다. 이 합목적성은 화학진화와 그것에 연속되는 생물진화의 역사적 과정으로 획득된 것임이 틀림없다.

세포의 기본 구조

세포의 발견

세포는 모든 생명의 최소 단위이다. 세포를 현미경으로 최초로 관찰한 것은 네덜란드의 레이우엔훅(Leeuwenhoek, 1632~1723)이다. 그는 후에 런던의 왕립학회(王立學會) 회원으로 천거되었으나 젊었을 때는 네덜란드의 시골 거리에서 양복점을 경영하면서 생물의 관찰에 흥미를 가졌던 아마추어 과학자였다. 그는 손수 현미경을 만들어 세균이나 원생동물(原蟲) 등 육안으로 볼 수 없었던 생물을 계속 발견하였었다.

훅(Hooke, 1635~1703)도 또한 코르크(Cork)의 엷은 절편(切片)을 현미경으로 관찰하고 꿀벌의 집과 같은 구조가 가득 차게 모여 있는 것을 확인하였다. 그는 이 꿀벌의 집과 같은 구조를 셀(Cell, 세포)이라고 불렀다.

세포는 분열에 의해서 세포로부터 생긴다. 1839년 독일의 슐라이덴(Schleiden, 1804~1881)과 슈반(Schwann)은 동물이나 식물의 현미경적 관찰로 동식물은 모두 세포로 불리는 기본 단위가 모여 이루어진 것으로, 세포는 독립된 생명을 지니고 있다는 설을 주장하였다. 이것은 오늘날 세포설이라고 하며 생물학의 역사상 가장 중요한 발견의 한 가지가 되어 있다.

이 지구상에는 모양이나 크기가 다른 갖가지 세포가 존재하고 있다. 세균과 같이 단일의 세포(그림 1-1)로 된 단세포생물이나 사람과 같이 60조나 되는 세포로 구성되어 있는 갖가지 다세포생물(그림 1-2)도 있다. 단세포생물은 30억여 년 전에 탄생하였고 다세포생물은 6억 년 전에 탄생하였다고 한다. 그러므

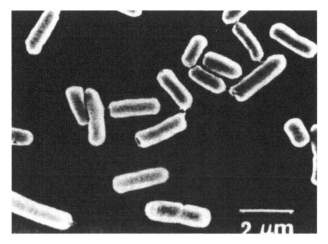

〈그림 1-1〉 대장균의 주사전자현미경 사진

로 단세포생물 쪽이 다세포생물보다 역사적으로 오래된 것이다.

　세포는 매우 작아서 현미경으로밖에 볼 수 없다. 세균의 크기는 2미크론〔Micron: 지금은 마이크로미터(㎛)로 표시함, 1미크론은 1,000분의 1㎜〕, 사람의 적혈구는 8미크론, 가장 작은 세포는 미코플라스마(Mycoplasma)나 리케차(Rickettsia)와 같은 미생물로서 약 0.3미크론이다. 세포는 일반적으로 진화한 것일수록 커지는 경향이 있다. 그것은 고등생물일수록 더욱 고도의 복잡한 기능이 필요하기 때문이다. 고등동물의 여러 가지 기관의 세포는 각기 다른 기능을 지니고 있다. 예컨대 뇌, 심장, 간장, 신장 등 기관의 세포는 각각 특유의 기능을 갖고 있디.

　세포는 2종류로 분류할 수 있다. 원핵세포와 진핵세포가 그것이다. 세균이나 남조류(藍薄類)는 원핵세포이며 원생동물, 효모, 점균(姑菌)과 같은 단세포류나 고등동식물의 다세포류 및 곰팡이 등은 진핵세포이다. 원핵세포는 내부에 핵을 지니고 있지

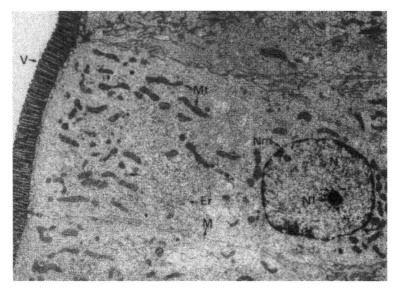

〈그림 1-2〉 마우스의 소장상피세포 절편의 투과전자현미경 사진(近菌俊三 씨
　　　　　제공). M: 세포막(Na⁺ 및 K⁺ 수송ATPase 및 아미노산 수송계와 같은
　　　　　에너지 의존 수송계). V: 융모(표면적을 크게 하여 흡수를 효과적으로
　　　　　행함). N: 핵(DNA의 복제, 갖가지 RNA와 몇 가지 핵 내의 단백질의
　　　　　합성). N1: 핵소체(리보솜RNA의 합성). Nm: 핵막(물질의 이동).
　　　　　Mt: 미토콘드리아(구연산회로 전자전달과 산화적 인산화, 지방산의 산
　　　　　화, 아미노산의 이화). Er: 조면소포체(리보솜이 부착한 상태로 단백질
　　　　　합성을 행함).( )안은 각각의 기능

않으며, 유전자는 다발로 뭉쳐져 세포의 중앙부에 존재한다. 진
핵세포는 내부에 핵을 갖고 있으며 핵은 핵막으로 싸여 있다.
이 핵 속에 유전자가 농축되어 있는 것이다. 진핵세포는 원핵
세포보다 복잡하며 다양성을 지닌다. 화석 등의 증거로서 원핵
세포가 30억 년 전 최초로 지구상에 탄생하였으며 그 후 15억
년 전쯤 진핵세포가 출현하였다고 추정되고 있다.

세포막의 작용

세포는 매우 얇고 튼튼한 세포막으로 싸여 있다. 세포막은 지질과 단백질로 이루어져 있으며 외부와의 구획화(區割化)에 필요한 것이다. 그러나 세포막은 단순히 구획화하기 위해서 정적(靜的)으로 고정되어 있는 것은 아니다. 펌프나 게이트(Gate)라고 불리는 통로(채널, Channel)를 가지며, 어느 특정한 분자나 이온의 농도 조성을 조절하고 내부의 환경을 항상 일정하게 유지하는 기능을 지니고 있다. Na-K 펌프라는 단백질의 장치는 세포 밖에 비해서 세포 내의 K 농도를 높이고 Na 농도를 낮게 유지하는 능동적인 작용을 하고 있다.

세포막은 정보를 전달하는 기능을 갖고 있다. 세포막의 내부에는 외부로부터의 자극에 반응하는 수용체(受容體)나 안테나를 지니고 있다. 수용체나 안테나는 호르몬이나 영양원, 빛 등의 자극에 반응한다. 어떤 세균은 영양원의 미미한 농도 차를 감지함으로써 영양원이 있는 방향으로 스스로 움직여 간다. 이 세균의 세포막에는 그 영양원을 특이적으로 감지할 수 있는 수용체가 장치되어 있는 것이다. 세포막은 자기와 다른 것을 식별하는 부위를 지니고 있으며, 세포가 정상적으로 분열하고 집합하여 가는 데 유용하게 되어 있다. 그 외에 세포막은 효소를 함유하고 있으며 그 효소는 막의 외부와 내부에서 갖가지 촉매 작용을 한다.

세포막은 지질로 구성되어 있다

세포막의 구성성분 중 한 가지인 지질(脂質)은 물에는 녹지 않으나 클로로포름(Chloroform) 등 유기물의 액체에 용해하는 성질을 지니고 있다. 세포막에는 주로 인지질이라는 지질이 존재하고 있다. 이것은 글리세린(Glycerin)에 2분자의 지방산(脂肪酸)과 1분자의 인산(燐酸)이 에스테르(Ester) 결합이라는 연결수(連結手)로 연결한 것이다(그림 1-3). 인지질은 물에 친화성(親和性)이 없는 지방산 부위와 물에 친화성이 있는 인산 부위의 두 가지로 이루어져 있다. 동일 분자 내에 물에 친화성이 없는 소수기(疎水基)와 물에 친화성이 있는 친수기(親水基)를 갖는 분자를 양친매성물질(兩親媒性物質)이라고 한다. 인지질에 함유되는 지방산의 길이는 보통 짝수 개로 14~24개의 탄소 원자로 이루어져 있다. 인지질을 물에 분산시키면 미셀(Micell)이라는 집합체를 형성한다(그림 1-4). 미셀 속에서는 탄화수소의 꼬리 부분은 내측을 향하여 물과 격리되고, 인산기와 같은 친수기는 외측의 수상

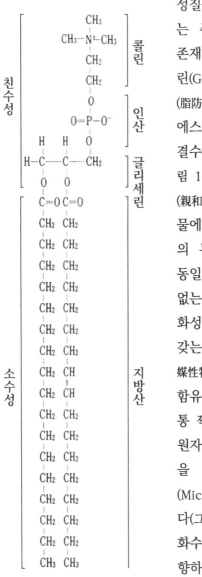

〈그림 1-3〉 인지질의 구조

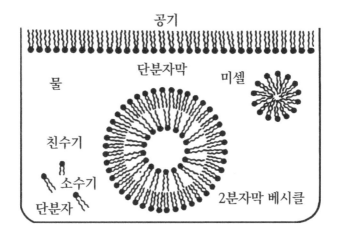

〈그림 1-4〉 수중에서의 미셀, 2분자막 베시클, 단분자막의 형성

(水相)을 향한다.

또한 인지질은 수용액 중에서 자발적으로 베시클(Vesicle)이라고 불리는 주머니 모양의 집합체나 단분자막(單分子膜)을 형성할 수도 있다(그림 1-4). 베시클은 탄화수소 고리의 소수결합에 의해서 안정화된 2분자막 구조를 취하고 있다. 즉, 2개 탄화수소의 꼬리 부분은 서로 향하고 있으면서 탄화수소의 상(相)을 형성하며 2개의 친수기는 수상(水相) 측에 뻗어 있다. 2분자막의 두께는 60~100Å(1Å은 1000만분의 1㎜)으로서, 물은 이 막을 용이하게 투과할 수 있으나 양(+)이온이나 음(-)이온과 같은 극성물질(極性物質)은 투과되지 못한다. 실험실에서는 인지질을 물에 현탁(懸濁)시켜 초음파로 진동시키면 용이하게 만들 수 있으며 이것을 리포솜(Liposome)이라고 한다.

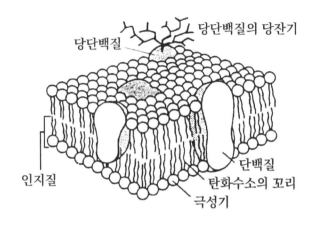

〈그림 1-5〉 세포막의 구조

세포막의 구조

천연의 세포막에는 인지질 외에 스핑고신(Sphingosine)이나 콜레스테롤(Cholesterol)과 같은 지질이나 지질에 당이 붙은 당지질(糖脂質), 더욱이 단백질이나 당단백질 등이 함유된다. 특히 단백질은 전술한 바와 같이 이온(Ion)이나 분자의 투과를 제어하는 게이트(문)나 채널(도관), 에너지 전달, 수용체, 효소로서 막 속에서 중요한 역할을 행하고 있다. 또한 막 속에서의 당의 분포도 특징적이다. 진핵세포의 막에는 당단백질이나 당지질로서 2~10%의 당이 함유되어 있다. 당은 세포끼리의 인식 등에 이용되고 있다. 세포막 중에서 단백질은 지질의 2분자막 속에 떠 있다고 생각되고 있다(그림 1-5). 단백질의 소수성인 부분이 유동적인 지질막 속에 용해되어 있으며 싱거 니콜슨의 유동 모자이크 모델이라고 불리고 있다. 이 모델은 막의 생물학적, 물리화학적 성질을 잘 설명할 수 있으며 현재 가장 신뢰할 수 있는 세포막 모델인 것이다.

이처럼 현재의 생물의 세포막은 두께가 75Å 정도이나 그 속에 갖가지 기능을 관장하는 분자가 정연하게 모자이크 모양으로 집합, 배열되어 고도로 복잡한 구조를 하고 있다.

유전자와 복제

유전자의 발견

19세기 후반에는 생물의 유전에 관해서 많은 관심이 쏠리게 되었다. 진화론으로 유명한 다윈(Darwin)은 어버이의 성질은 입자와 같은 것에 의해서 전달된다고 생각함으로써 이것을 '제뮬(Gemmule)'이라고 이름 붙였다. 멘델(Mendel)은 1865년에 발표한 논문 중에서 어버이의 특징은 엘리먼트(Element)라고 불리는 요소를 통해서 자식에게 전달된다고 기술하였다. 네덜란드의 식물학자 드 브리스(de Vries)는 판겐설(Pangenesis)을 제창하였다. 즉, 그는 어버이의 성질을 전달하는 입자는 세포의 핵 속에 있으며 세포분열 시 낭세포(娘細胞)에 전달된다고 생각함으로써 이 가설적 입자를 판겐이라고 불렀다. 그는 판겐을 생물의 유전을 담당하는 분자를 구성하는 원자와 같은 것으로 보고 있었다. 오늘날의 유전자(Gene)는 독일어 판겐(Pangene)의 어미(語尾)에서 취한 것이다.

미국의 유전학자 모건(Morgan) 등은 1908년경부터 시작한 초파리(Drosophila)를 이용한 방대한 유전실험을 통해서 염색체가 유전을 지배하고 있다는 유전의 염색체설에 다다랐다. 또한 물리학자인 슈뢰딩거(Schrödinger)는 1944년에 저술한 『생명이란 무엇인가』 속에서 "유전자는 거대 분자이며, 돌연변이는 이 분자 내에서 일어나는 원자의 배열상태의 양자역학적 천이(量子力學的還移)이다"라고 말하고 있다.

한편, 핵산은 1868년 스위스의 생물학자 미셔(Miescher)에 의해서 최초로 발견되었다. 그는 외과 환자의 붕대에 묻은 고름(膿)과 연어 정자의 두부로부터 인산을 함유하는 산성물질을 단리하고 뉴클레인(Nuclein)이라고 명명하였다. 오늘날에는 핵 속의 산성물이라는 의미에서 핵산이라고 불리고 있으나 핵산이라는 이름은 독일의 조직학자 알트만(Altmann)에 의해서 붙여진 것이다. 미셔는 그 당시 핵산이 유전물질이라고는 생각하지 못하였다. 그 후 많은 연구자들이 핵산이 유전에 어떤 관계가 있을 것이라고 생각하고는 있었으나 직접적인 증명은 이루어지지 못하였다.

1943년 미국의 세균학자 에이버리(Avery) 등은 비병원성의 폐렴쌍구균이 병원성의 폐렴쌍구균으로부터 추출한 DNA에 의해서 병원성균으로 변환(變換)된다는 것을 발견하였다. 즉, 그들은 병원성이라는 유전정보가 DNA에 의해서 운반된다는 것을 증명하였다. 그러나 당시 누구도 그들의 생각을 이해하려 하지 않았다. 그 후 에이버리의 제자인 매클로드(MacLord)와 메카티(MeCarty)에 의한 실험 사실이 쌓임과 아울러, 미국의 바이러스학자인 허시(Hershey, Delbrück와 Luria와 더불어 1969년 노벨 의학생리학상 수상)에 의한 바이러스 복제 시 유전정보의 담체는 DNA라는 것 등의 증명에 의해서, DNA가 유전자일 것이라는 생각이 점차 인정받게 되었다.

DNA는 자기 복제를 담당하는 유전자의 본체인 것이다. DNA는 원핵세포에서는 주위에 막을 지니지 않은 핵양체(核樣體) 속에, 진핵세포에서는 핵막 속에 존재하고 있다. 진핵세포는 원핵세포보다 훨씬 많은 양의 DNA를 지니고 있다.

DNA의 구조

DNA는 분자량이 수백만 이상인 끈 모양의 거대(巨大) 분자이다. 기본 골격은 염기(鹽基)와 데옥시리보오스, 그리고 인산으로 이루어지며, 당 부분이 인산 디에스테르(Phosphodiester) 결합을 통해서 결부되어 있다(그림 1-6). 염기는 아데닌(Adenine, A), 구아닌(Guanine, G), 사이토신(Cytosine, C), 티민(Thymine, T)의 4종류이다. A 및 G와 같이 푸린(Purine) 환을 갖는 것은 푸린 염기이며 C 및 T와 같이 피리미딘(Pyrimidine) 환을 갖는 것은 피리미딘 염기라고 한다. 한 조의 염기, 당, 인산으로 구성되는 반복 단위를 뉴클레오티드라고 한다. 염기와 당이 결합한 것을 뉴클레오시드(Nucleoside)라고 부른다. 핵산의 화학 구조를 확증시킨 것은 미국 록펠러(Rockefeller) 연구소의 레빈(Levine) 등이다.

1953년, 미국의 유전학자 왓슨과 영국의 물리학자인 크릭에 의해서 DNA 입체 구조의 모델이 제출되었다(그림 1-7). 즉, 두 가닥의 나선형 사슬이 같은 축(軸)의 주위를 둘러싸고 있어서 이중나선 구조를 형성하고 있다. 겹가닥의 사슬은 각각 역평행(逆平行)으로 뻗어 있다. 각 염기로부터는 수소결합이라는 팔이 뻗어 있어 A는 T와, G는 C와 연결하고 있다. 이처럼 서로 보충하는 것과 같은 염기쌍(鹽基雙)의 형성은 DNA에는 A와 T, G

38

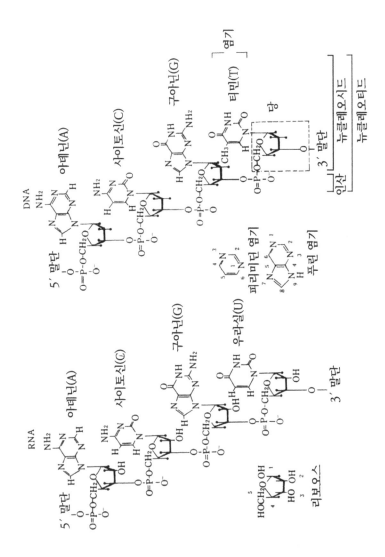

〈그림 1-6〉 DNA와 RNA의 기본 구조

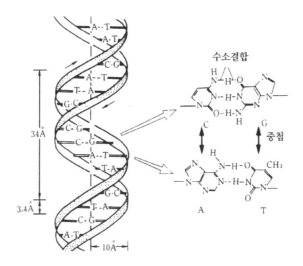

〈그림 1-7〉 DNA의 이중나선 구조와 염기 간 상호작용

와 C가 항상 같은 양으로 함유되어 있다는 것으로도 지지되고 있다. DNA의 이중나선 구조는 염기 간의 수소결합과 염기의 환끼리 겹쳐(Stacking) 더욱 안정화되어 있다. 이웃하는 염기 간의 거리는 3.4Å으로서, 나선은 10염기쌍에서 1회전하며 나선이 1회전하는 거리(Pitch)는 34Å이다. 이 왓슨과 크릭의 DNA 입체 구조 발견은 그 이후의 분자생물학 발전의 출발이 된 것이다.

유진자의 정보는 DNA 가닥의 어느 곳에 숨어 있는 것일까? 그것은 4종류의 뉴클레오티드 배열에 있는 것이다. 예컨대, 1000개의 뉴클레오티드로 이루어진 유전자의 경우 4종류의 뉴클레오티드 조합은 4의 1,000제곱이나 되며 거의 무한에 가까운 것이다.

유전정보의 계략(조작)

그러면 이 유전정보가 어떻게 하여 정확히 복제되는 것일까? 그 비밀은 DNA의 이중나선 구조에 있으며 겹가닥이 각각 상보적(相補的)이라는 데에 있다. DNA의 겹가닥은 쉽게 풀려져 외가닥이 될 수 있다. 이 2조의 외가닥을 주형(第型, 본)으로 하여 각각 새로운 2조의 상보적인 겹가닥 DNA가 DNA 복제효소에 의해서 만들어진다(그림 1-8). 이 DNA 복제효소는 올바른 염기를 선정하였는지 어떤지를 재확인하고, 만약 틀렸으

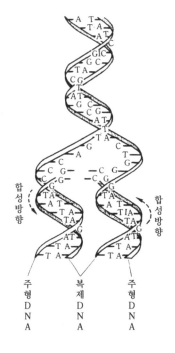

〈그림 1-8〉 DNA 복제의 구조

면 올바른 염기로 갈아 끼우는 수정의 기능도 가지고 있다. 복제의 충실도(充實度)는 상보적인 염기쌍의 적합성과 안정성, 그리고 수정(修正)기능의 효율에 의해서 결정된다. 새로이 만들어진 새끼 DNA는 각각 어미 DNA를 한 가닥씩 이어받고 있다. 이것을 반보존적 복제(半保存的複製)라고 한다.

단백질의 본체

단백질은 다채로운 기능을 갖고 있다

세포의 70%는 단백질이 차지하고 있다. 단백질에 해당하는 영어의 Protein은 그리스어의 '최초의 물건'을 의미하는 Proteios에서 유래되었다. 우리말의 단백질은 독일어의 Eiweis(卵白, 단백질)에서 번역된 것이다.

단백질은 생명의 유지에 필요한 모든 과정에 관계하고 있다. 세포 속에는 수천 종류의 단백질이 존재하고 있으며 각각 대응하는 유전자에 따라 규정되어 있는 특이적인 기능을 지니고 있다. 그중에서도 종류가 풍부하고 특이성이 높은 단백질은 생체 반응의 촉매가 되는 효소이다. 효소는 1926년 미국의 생화학자 섬너(Sumner: Stanley와 더불어 1964년 노벨 화학상 수상)에 의해서 처음으로 결정화되었다. 그는 서양의 작두콩으로부터 요소(尿素)를 분해하는 우레아제(Urease)를 추출하여 결정하는 데 성공하였다. 현재까지 2,000종류 이상의 효소가 갖가지 생물로부터 발견되었다.

효소는 효소가 존재하지 않으면 천천히 진행할 수밖에 없는 반응의 속도를 현저하게 촉진한다. 화학물질이 반응하는 경우 한 번 활성화된 중간 상태를 거쳐 생성물(生成物)로 변화한다. 그러므로 반응하기 위해서는 활성화 에너지의 상벽을 넘어야만 한다. 효소는 이 활성화 에너지의 장벽을 저하시키는 데 유용하다. 효소에 반응하는 물질(기질, 基質)에 접근하면 효소의 입체 구조가 변화하여 그 활성 부위에 기질이 알맞게 끼어 들어간다. 그것에 의해서 효소의 활성 부위에 일그러짐이 생겨 효소와 기질의 복합체가 반응의 중간 상태까지 높여진다. 이처럼 기질과 효소와의 관계는 열쇠와 열쇠 구멍의 관계에 비유할 수 있다. 일반적으로 효소는 자신이 촉매가 되는 반응의 속도를 1억 배 이상으로 높일 수 있다.

효소는 반응별로 6종류가 있다. 즉, 산화하거나 환원할 수 있는 산화환원효소기(基: 원자의 집단)를 전이시키는 전이효소, 가수분해시키는 가수분해효소, 이중결합에 기를 부가(附加)시키는 리아제(Lyase), 분자 내에서 기를 전이시킨 이성체(異性體: 원소 조성이 같으나 성질이 다른 화합물)를 생기게 하는 이성화효소(異性化酵素), 여러 가지 결합을 만들 수 있는 합성효소 등이다.

세포 내에는 효소 외에 다채로운 기능을 갖는 단백질이 존재하고 있다. 예컨대, 이온이나 분자와 결합하여 갖가지 기관으로 운반하는 수송단백질, 옥수수나 벼의 종자 및 난백 등에 함유된 저장 및 영양단백질, 생리활성의 조절에 관여하는 조절단백질, 운동, 변형, 수축의 기능을 갖는 단백질, 세포의 보호에 필요한 구조단백질, 생체의 방어작용을 하는 방어단백질 등이 있다.

단백질의 구조

단백질은 아미노산이 어떤 일정한 배열 순서로 펩티드(Peptide) 결합이라는 연결 고리에 의해서 연결되어 길게 뻗은 것이다(그림 1-9). 이와 같은 사실은 독일의 화학자 에밀 피셔(Emil Fisher)에 의해서 처음으로 명백히 밝혀졌다. 펩티드 결합으로 연결된 긴 고리는 폴리펩티드(Polypeptide)라고 불린다. 단백질은 염산 용액 속에서 가열하면 완전히 분해하며 아미노산이 된다. 예컨대, 소맥분을 염산으로 분해하면, 우리들이 일

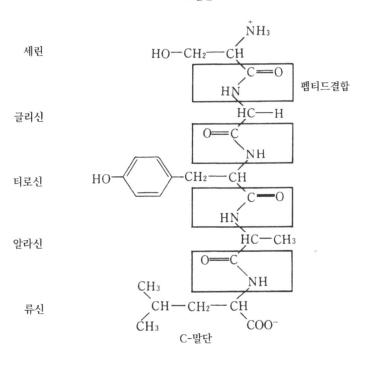

<그림 1-9〉 펩티드의 구조

상 조미료로 사용하고 있는 글루탐산소다(Sodium Glutamate)라고 하는 아미노산을 얻을 수 있으며 모발(毛髮)로부터는 유황을 함유하는 시스틴(Cystine)이라는 아미노산을 얻을 수 있다. 단백질 중에는 20종류의 아미노산이 존재한다(표 1-3). 각각의 아미노산은 다른 측쇄(側鎖: 기본 구조에 붙어 있는 원자단)를 지니고 있으며, 그 측쇄가 아미노산에 화학적인 특성을 부여하고 있다.

　20종류의 아미노산을 다른 조합과 순서로 연결하면 성질이

44

<표 1-3> 단백질 중의 20종 아미노산

글리신(Gly)
$$\text{H}-\underset{\underset{\text{NH}_2}{|}}{\overset{\overset{\text{H}}{|}}{\text{C}}}-\overset{O}{\underset{OH}{C}}$$

아스파라긴산(Asp)
$$\underset{HO}{\overset{O}{C}}-CH_2-\underset{\underset{NH_2}{|}}{\overset{\overset{H}{|}}{C}}-\overset{O}{\underset{OH}{C}}$$

알라닌(Ala)
$$CH_3-\underset{\underset{NH_2}{|}}{\overset{\overset{H}{|}}{C}}-\overset{O}{\underset{OH}{C}}$$

아스파라긴(Asn)
$$\underset{NH_2}{\overset{O}{C}}-CH_2-\underset{\underset{NH_2}{|}}{\overset{\overset{H}{|}}{C}}-\overset{O}{\underset{OH}{C}}$$

발린(Val)
$$\underset{CH_2}{\overset{CH_3}{CH}}-\underset{NH_2}{\overset{H}{C}}-\overset{O}{\underset{OH}{C}}$$

글루타민산(Glu)
$$\underset{HO}{\overset{O}{C}}-CH_2-CH_2-\underset{NH_2}{\overset{H}{C}}-\overset{O}{\underset{OH}{C}}$$

류신(Leu)
$$\underset{CH_3}{\overset{CH_3}{CH}}-CH_2-\underset{NH_2}{C}-\overset{O}{\underset{OH}{C}}$$

글루타민(Glr)
$$\underset{NH_2}{\overset{O}{C}}-CH_2-CH_2-\underset{NH_2}{\overset{H}{C}}-\overset{O}{\underset{OH}{C}}$$

이소류신(Ile)
$$CH_3-CH_2-CH-\underset{CH_3\ NH_2}{C}-\overset{O}{\underset{OH}{C}}$$

페닐알라닌(Phe)
$$\bigcirc-CH_2-\underset{NH_2}{\overset{H}{C}}-\overset{O}{\underset{OH}{C}}$$

세린(Ser)
$$OH-CH_2-\underset{NH_2}{C}-\overset{O}{\underset{OH}{C}}$$

티로신(Tyr)
$$HO-\bigcirc-CH_2-\underset{NH_2}{\overset{H}{C}}-\overset{O}{\underset{OH}{C}}$$

트레오닌(Thr)
$$CH_3-\underset{OH}{\overset{H}{C}}-\underset{NH_2}{\overset{H}{C}}-\overset{O}{\underset{OH}{C}}$$

트립토판(Trp)
$$C-CH_2-\underset{NH_2}{\overset{H}{C}}-\overset{O}{\underset{OH}{C}}$$

시스테인(Cys)
$$HS-CH_2-\underset{NH_2}{C}-\overset{O}{\underset{OH}{C}}$$

메티오닌(Met)
$$CH_3-S-CH_2-CH_2-\underset{NH_2}{C}-\overset{O}{\underset{OH}{C}}$$

히스티딘(His)
$$HC=C-CH_2-\underset{NH_2}{\overset{H}{C}}-\overset{O}{\underset{OH}{C}}$$

리신(Lys)
$$NH_2-CH_2-CH_2-CH_2-CH_2-\underset{NH_2}{C}-\overset{O}{\underset{OH}{C}}$$

프롤린(Pro)
$$\underset{\underset{H}{N}}{\overset{CH_2-CH_2}{CH_2}}CH-\overset{O}{\underset{OH}{C}}$$

아르기닌(Arg)
$$NH_2-\underset{\overset{||}{NH}}{C}-NH-CH_2-CH_2-CH_2-\underset{NH_2}{C}-\overset{O}{\underset{OH}{C}}$$

매우 다른 단백질을 만들 수 있다. 20종의 아미노산이 연결되어 생기는 폴리펩티드의 배열 순서는 20의 계승(階乘)*으로 1조(兆)의 200만 배, 즉 약 200경(京) 종류가 가능한 것이다. 일반적으로 단백질은 100개 이상의 아미노산으로 이루어져 있다. 20개의 아미노산으로 이루어지는 폴리펩티드 쇄로서도 이 정도이므로 100개의 아미노산으로 이루어져 있는 폴리펩티드 쇄에서는 그 가능한 배열이 매우 많은 수가 되어, 그것을 합계한다면 그 중량은 지구의 중량을 훨씬 초과할 것이다. 그러나 실제로는 그렇게 많지 않다. 지구상의 생물종을 1000만 종으로 잡고 그 각각의 생물종에 1,000종의 단백질이 존재한다고 하면 전체 100억 종의 단백질이 존재하게 될 것이다. 현재는 과거에 비해서 생물종이 감소되어 있으나 가령 장차 생물종이 증가한다 할지라도 20종 아미노산의 조합으로 충분할 것이다.

단백질 속의 아미노산 배열을 1차 구조라고 한다. 몇 가닥의 폴리펩티드 쇄는 시스테인(Cysteine)이라는 아미노산의 유황원자(S)가 디술파이드 결합이라는 S-S결합을 만들어 연결하고 있는 경우가 있다. 임의의 배열을 갖는 단백질은 뻗어 있는 상태로는 불안정하여 접혀서 나선상 구조를 취하거나 옆으로 나란히 되어 시트(Sheet)와 같은 입체 구조를 취할 수가 있다. 이 입체 구조를 2차 구조라고 한다. 효소와 같은 구형(球狀)단백질은 나선 구조를 많이 지니고 있으며 비단(絹)과 같은 섬유단백질은 시트 구조를 많이 지니고 있다.

단백질은 더욱 면밀하게 접혀서 3차 구조를 형성한다. 이처럼 고도의 입체 구조를 지니는 것이 각각 특별한 활동을 하는

---

* 편집자 주: factorial, n의 계승은 1부터 n까지의 자연수를 모두 곱한 값

데 있어 중요하다. 자연 상태의 단백질을 가열하거나 요소와
같은 용액 중에서 처리하면 그 자연적인 입체 구조는 파괴되어
그 기능이 발현되지 못하게 된다. 단백질의 변성은 날달걀을
삶으면 황색이나 백색의 단백질이 응고하는 것 등 일상적으로
흔히 경험하는 것들이다.

RNA의 기능과 기원

RNA란 무엇인가?

핵산은 전술한 바와 같이 스위스의 미셔에 의해서 발견되었
으나, 그 후 핵산에는 2종류가 존재한다는 것이 밝혀졌다. 즉,
양자의 차이는 핵산의 당 부분의 화학 구조(데옥시리보오스와 리
보오스)에 있다는 것이 레빈에 의해서 명백해졌다. 레빈은 테트
라뉴클레오티드 가설의 제창자이기도 하다. 그는 핵산이 4종의
뉴클레오티드의 축합(縮合)에 의해서 생겨난 테트라뉴클레오티드
로 구성되어 있다고 생각하였다. 그러나 그 후의 연구에 의해
서 4종의 뉴클레오티드는 같은 양이 아니며, 핵산의 크기도 테
트라뉴클레오티드보다 훨씬 크다는 것이 알려졌고 현재 그의
가설은 역사적인 의미밖에 지니지 못하게 되었다.

당(Sugar) 부분이 데옥시리보오스인 것이 DNA이며 리보오스
인 것이 RNA이다. DNA를 데옥시리보 핵산, RNA를 리보 핵
산이라고 부르며 세포의 자기 복제와 자기 증식에 없어서는 안
될 기본 물질인 것이다. 핵산은 세포 속에서 건조중량으로 사
람에서는 5%, 대장균에서는 20%까지 함유되어 있다.

DNA와 형제 분자인 RNA는 구조적, 기능적으로 다양하다. 일반적으로 분자량은 3만~200만으로, 리보솜 RNA(rRNA, 분자량 50만~200만), 전령 RNA(mRNA, 분자량 5만~50만), 전이 RNA(tRNA, 분자량 3만)의 3종으로 크게 나뉜다. 이들은 모두 단백질의 생합성에 관여하고 있다.

RNA의 염기는 A, G, C와 우라실(U)의 4종으로 당 부분이 리보오스인 것이다. DNA와의 구조적 차이는 염기 중의 하나인 T가 U로 된 것과, 당 부분이 데옥시리보오스에서 리보오스로 된 점이다(〈그림 1-6〉 참조). 아데닌과 구아닌은 탄소와 질소로 이루어지는 푸린 환이라고 불리는 기본 구조를 지니고 있다. 우라실과 사이토신은 탄소와 질소로 이루어지는 피리미딘 환이라는 기본 구조를 지니고 있다. 핵산 염기는 탄소 수 5개의 당인 리보오스의 첫 번째 탄소와, 푸린 염기의 경우에는 9번째의 질소와, 피리미딘 염기의 경우에는 첫 번째의 질소와 각각 연결된다. 이와 같은 핵산 염기와 당의 리보오스가 연결한 화합물을 뉴클레오시드라고 한다. 또한 리보오스 부분의 수산기(水酸基)가 인산화된 것은 뉴클레오티드라고 한다. RNA를 구성하고 있는 뉴클레오티드는 상보적인 비(比)를 취하고 있지 않다. 즉, 아데닌과 우라실, 구아닌과 사이토신의 양은 평등하지 않다. 이것은 RNA가 DNA처럼 겹가닥(복쇄)이 아니고 불규칙한 외가닥(단쇄)을 취하고 있기 때문이다. 즉, RNA는 DNA보다 유통성이 있는 입체 구조를 취할 수 있는 것이다.

RNA는 다양한 기능을 지니고 있다

RNA는 DNA의 전사물(轉寫物)로서 DNA와 상보적인 염기배열을 지니며 세포핵 내에서 합성된다. mRNA는 DNA에 의해서 결정된 단백질의 아미노산 배열을 코드(Code, 암호지령)화하고 있으며 핵 밖으로 나와 세포질 속에 존재하는 리보솜에 운반된다. 리보솜상에서 mRNA는 주형으로 작용하여 특정의 아미노산 배열을 하는 단백질 합성에 관여한다. 그러므로 mRNA의 크기는 대응하는 단백질의 크기에 의존한다. 예컨대 100개의 아미노산으로 이루어지는 단백질을 합성할 경우, 1개의 아미노산은 뉴클레오티드가 3개 연결된 배열(Triplet)에 의해서 코드화되어 있으므로 적어도 300개의 뉴클레오티드가 필요하게 된다. 실제로는 mRNA는 리더라고 불리는 선도부(先導部)와 미부(尾部, Tail)를 지니며 또한 번역되지 않는 공간(Spacer) 영역을 지니는 경우도 있으므로 코드화하는 단백질에 필요한 뉴클레오티드 수보다 상당히 큰 것이다.

tRNA는 73~93개 정도의 뉴클레오티드가 연결된 저분자량의 RNA로서 각 tRNA에 대응하는 특정의 아미노산이 말단에 결합하여 있다. 보통 한 종류의 아미노산에 대응하는 tRNA는 수개 존재한다. 지금까지 200종 이상의 tRNA의 존재가 밝혀져 있으나 다른 RNA와는 달리 분자 중의 염기의 대부분은 수식(修飾)되어 있다. 단백질 합성 때 tRNA는 리보솜 상에 있는 mRNA가 지정하는 순서대로 아미노산을 운반해 온다. tRNA는 mRNA의 코돈(Codon: Triplet Word)을 인식하여 그 상보배열을 갖는 부위(Anticodon)로 규칙적으로 결합한다. 이 일련의 과정에 의해서 mRNA의 정보가 아미노산 배열로 번역되는 것이다.

rRNA는 3종류 존재하고 있어 약 70종류의 단백질과 결합하며, 단백질 합성 공장인 리보솜을 구성하고 있다. 리보솜은 지

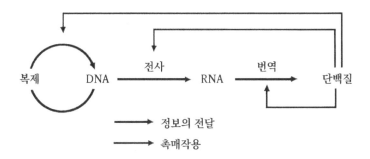

〈그림 1-10〉 현대 생물학의 유전정보 흐름에 대한 중심명제

름 약 200Å의 복잡한 입자로서 rRNA와 단백질의 자기집합체이다. rRNA는 가장 다량으로 존재하는 RNA로서 대장균에서는 80%를 차지한다고 한다.

RNA는 DNA보다 먼저 출현하였다

현재의 생물학에서는 유전정보의 흐름이 DNA→RNA→단백질의 방향이라고 생각되고 있다(그림 1-10). 이것을 중심명제라고 부른다. 그러나 최초의 생명이 탄생하였던 때는 DNA가 아니라 RNA가 유전정보체로서 사용되었다고 고찰되고 있다.

그 근거로서 다음과 같은 이유를 들 수 있다. (1) 당의 무생물적 합성에 있어서 리보오스만이 만들어진다. (2) RNA는 pH 7~8 부근에서는 DNA보다도 가수분해되기 쉽다. 따라서 RNA는 반응성이 풍부하며 새로운 유용한 배열을 재구축할 수 있다. (3) 무생물적 합성계에 있어서 RNA는 DNA보다 훨씬 합성되기 쉽다. (4) 갖가지 RNA(mRNA, rRNA, tRNA)는 단백질의 생합성에 밀접하게 관계하고 있으나 DNA는 직접 관계하지 않는다. ⑸ DNA는 RNA의 구성성분인 뉴클레오티드의 당 부분이 교환된 것에서부터 만들어진다. 즉 RNA로부터 생합성된다. ⑹ DNA의 생합성 개시에는 프라이머(Primer)라는 짧은 가닥(短韻)의 RNA가 있어야 한다. ⑺ RNA 바이러스 중의 레트로바이러스(Retrovirus)라고 불리는 바이러스는 RNA에서 DNA를 만들어 내는 역전사효소(逆轉寫酵素)라고 하는 효소를 지니고 있으며, 이 효소는 RNA로부터 DNA로의 이행기의 면모(面貌)를 남기고 있는 분자화석인지도 모른다. ⑻ RNA 관련 화합물은 보효소(補酵素 또는 助酵素)로서 효소작용에 관여하고 있는 것이 많다. ⑼ RNA에는 촉매작용을 지니고 있는 것이 존재한다는 것 등이다.

RNA의 세계

생명의 탄생을 생각할 때, 사람은 닭이 먼저인가, 달걀이 먼저인가 하는 역설에 시달려 왔다. 이것을 현대 생명과학의 언어로 바꾸어 말하면, 정보(달걀)가 먼저인가 기능(닭)이 먼저인가 하는 말이 된다. 현재의 생물에서는 정보를 담당하는 것이 핵산이며 기능을 떠맡고 있는 것이 단백질인 것이다. 핵산을 만들기 위해서는 단백질의 작동이 필요하나 그 단백질을 만드는 데 필요한 정보(아미노산 배열)는 핵산이 지니고 있다. 어느 쪽이 먼저 존재하였던가? 이 문제는 핵산의 일종인 RNA가 단백질의 도움 없이 자기 자신을 절단-연결하는 반응(자기 스플라이싱)을 행한다는 발견에 의해서 새로운 국면을 맞았다. 지금까지 정보의 담체(擔體)라고 생각하고 있던 핵산(RNA)이 단백질과 마찬가지의 기능을 갖는다는 사실은 최초의 생명이 핵산으로 이루어져 있었다는 가능성을 강하게 시사하는 것으로, RNA의 역할에 많은 시선을 끌게 되었다.

RNA 분자는 화학적으로 보아 자기 복제에 편리한 분자 특성을 보이고 있다. 상보적 염기쌍에 의해서 상보적 가닥을 만들고, 그것을 주형으로 하여 자기 자신을 재생시킬 수 있기 때문이다. 만약 원시 RNA가 RNA 복제반응의 촉매 역할을 할 수 있었다면 이 가상적 분자는 유전정보와 증식기능의 양자를 갖게 되는 것이다. 즉, RNA는 전술한 바와 같이 '생명'이라고 불리기 위한 제2와 제3의 조건을 충족시키는 것이다.

그렇다면 어떻게 하여 복제능력을 갖춘 RNA가 합성되었을 것인가? 원시 지구상에서 형성된 것으로 상상되는 원시 수프 속에는 다종다양한 유기물이 축적되어 있었다. 그중에는 RNA의 구성성분(뉴클레오티드)도 존재하였을 것이다. 뉴클레오티드는 무작위적(無作爲的) 중합(重合)을 반복하여 서서히 커다란 분자로 성장하여 갔다고 생각되는 것이다. 이렇게 합성된 원시 RNA의 대부분은 복제능력을 갖추지 못하였으나, 우연히 생긴 어떤 종의 RNA 분자가 '품질이 모자란' RNA 복제 촉매로서의 작용을 지니고 있었다. 이 최초의 RNA 복제 촉매는 자기 자신이나 다른 RNA 분자를 주형으로 하여 원시 수프 속에 존재하는 뉴클레오티드를 중합하면서 많은 RNA 분자를 생산해 갔다. 복제가 진행되는 과정에서는 때로 복제의 착오도 생겼을 것이다. 그리하여 생겨난 변이 RNA 속에는 어미 분자보다도 효율이 좋은 복제능력을 갖춘 것도 있어, 그것이 어미 분자를 도태(海汰)해 갔다. 이렇게 하여 RNA는 점점 증식, 진화하여 원시 수프의 패권자로서 RNA 독자의 세계인 RNA 월드를 구축할 수 있었다.

그렇다면 '살아 있는' 분자이기 위해서는 그 외에 대사를 영위하는 일이 필요하다. 원시 지구상에 출현한 RNA 복제 촉매는 주위에 존재하는 물질을 교묘히 이용하면서 다양한 대사능력을 획득하게 되었다고 생각된다. 현재 생물의 대사계에는 많은 효소와 보효소가 관여하고 있는데, 보효소에는 뉴클레오티드를 포함하는 것이 많으며 그 자신으로서도 촉매활성이 있다는 것이 알려져 있다. 원시 RNA는 이들 뉴클레오티드 부분과 상보적 염기쌍을 만들어 보효소를 끌어들이고 촉매작용을 갖는 RNA로 진화해 갔을 것이다.

현재의 생명에 있어 RNA는 단백질 합성이나 바이러스 등에서 다양한 기능을 발휘하고 있으나 DNA에 비하면 보좌 역할에 불과하다. 그러나 원시 생명의 탄생에서는 주역이었을 가능성이 높다.

다음 장에서는 RNA에게 스포트라이트를 맞춰서, RNA란 무엇인가에 대해 그 구조적, 기능적, 역사적 전모를 밝혀 보고자 한다.

2장

RNA의 기본적 성격

뉴클레오티드의 구조와 기능

감미로운 뉴클레오티드

뉴클레오티드에는 인산이 붙어 있는 위치에 따라 3가지의 다른 구조체가 존재한다. 바로 2′, 3′, 5′ 구조체이다. 예컨대 아데닐산(Adenylic Acid)의 경우에는 각각 아데노신 2′-1인산(2′-AMP), 아데노신 3′-1인산(3′-AMP), 아데노신 5′-1인산(5′-AMP)이다(그림 2-1).

우리들은 매일 몸 가까이에서 뉴클레오티드를 사용하고 있다. 그것은 바로 조미료이다. 구아노신 5′-인산(5′-GMP)과 이노신 5′-인산(5′-IMP, 5′-AMF 6위의 아미노기를 수산기로 치환한 것)은 가다랑어 포의 감미의 주성분이다. 오늘날 이들 Na염이 미생물을 이용한 발효법으로 만들어져 라면이나 갖가지 식품에 조미료로서 첨가되어 있다. 또한 물고기가 금방 잡은 것보다 약간 놔둔 것이 맛이 좋은 것은, 어육 중의 RNA가 핵산 분해효소에 의해서 분해되어 감미 성분의 GMP나 IMP를 생성하였기 때문이라고 생각되고 있다. 재미있는 것은 이들 뉴클레오티드의 2′인산체나 3′인산체에는 단맛이 없다는 점이다. 이것은 인간 혀의 미뢰(味蕾)의 맛세포의 수용 부위와의 관계로 결정된다. 5′인산체는 단맛의 수용 부위에 꼭 들어맞게 되므로 그것을 느끼게 되는 것이다.

호르몬 작용의 전령

뉴클레오티드의 인산기는 가까이 있는 수산기와 탈수축합(脫水縮合)하여 환상(環狀: 고리형)의 인산 디에스테르 구조를 취할

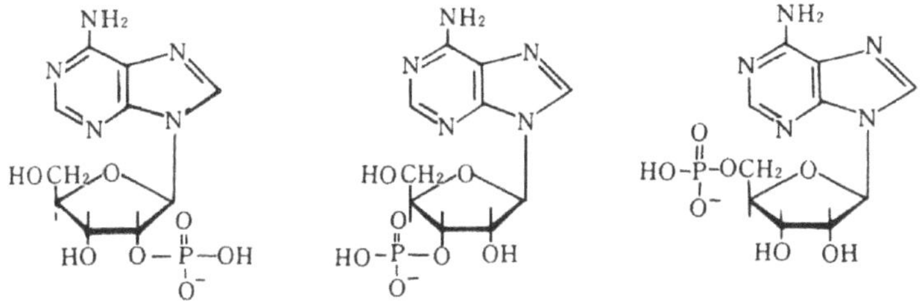

〈그림 2-1〉 아데닐산(AMP)의 위치 이성체

수 있다. 예컨대 2′ 위치의 인산기가 이웃의 3′ 위치의 수산기와 반응하면 2′, 3′ 환상 인산 디에스테르체가 된다. 또한 5′ 위치의 인산이 3′ 위치의 수산기와 반응하면 3′, 5′ 환상 인산 디에스테르체가 된다. 이 3′, 5′ 환상 디에스테르 화합물에는 '제2의 전령'이라고 불리는 환상(Cyclic) AMP(cAMP)나 환상 GMP(cGMP)가 있다(〈그림 2-2〉의 a, b). cAMP는 세균이나 동식물의 조직에 널리 존재하나 그 농도는 $0.1 \sim 1 \mu M(1 \mu M$은 1,000분의 1mole) 정도로 매우 낮다. cAMP는 ATP로부터 막에 존재하는 아데닐산 시클라아제(Adenyl Cyclase)의 촉매작용으로 만들어진다. cAMP는 호르몬 작용의 메신저이다. 예컨대, 에피네프린(Epinephrine)이나 글루카곤(Glucagon)이라고 불리는 호르몬에 의해서 혈당(血糖)이 상승하나, 이 경우 이들 호르몬 작용에 의해서 우선 근육이나 간(肝)세포 내의 cAMP 농도가 상승하고 그것이 글루카곤 포스포릴라아제(Glucagon Phosphorylase)를 활성화하는 결과로 포도당(Glucose)의 농도를 상승시킨다. 그 외의 호르몬 작용으로도 cAMP가 중개(仲介)하고 있다는 것이 알려져 있다. cGMP는 동물이나 대장균 등의 세균에 널리

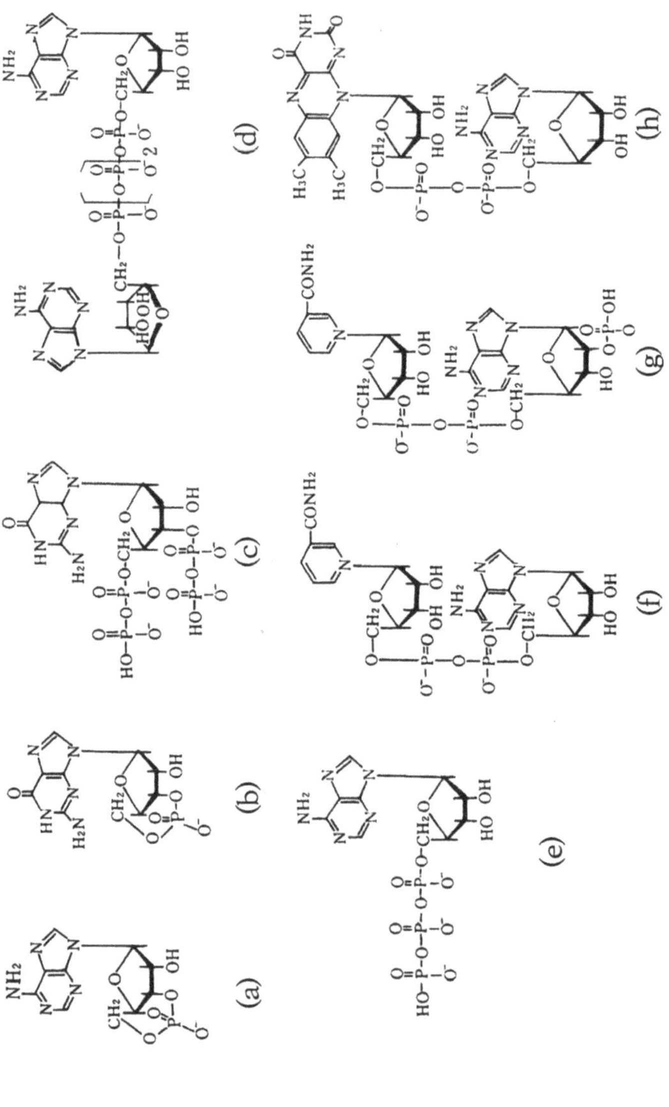

〈그림 2-2〉 각종 뉴클레오티드의 구조 (a)~(h)

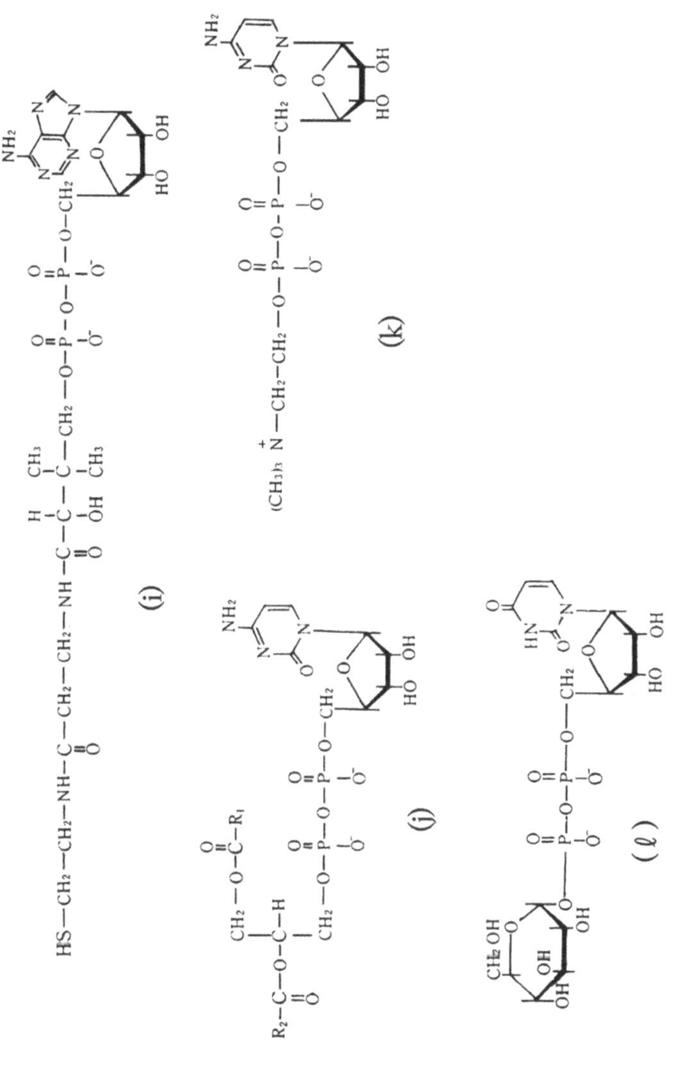

〈그림 2-2〉 각종 뉴클레오티드의 구조 (i)~(ℓ)

존재하며 호르몬이나 기타 세포 밖으로부터의 자극을 전달하는 기능을 지니고 있다.

경보호르몬, 알아몬

구아노신의 5′ 위치와 3′ 위치에 각각 2개씩의 인산이 붙은 구아노신 4인산(ppGpp, 〈그림 2-2〉의 c)은 매직스폿(Magic Spot)이라고 불린다. 이것은 아미노산을 부하(負荷)하고 있지 않은 tRNA가 리보솜에 우연히 결합하여 버린 경우 리보솜상에서 합성되는 화합물이다. 세포가 정상적으로 증식하고 있을 때는 만들어지지 않으나 아미노산이 부족하여 기아 상태일 때는 대량으로 만들어진다. 이 기아 상태일 때에 생성된 ppGpp는 rRNA와 tRNA의 합성을 정지시키는 작용을 한다. 즉, 아미노산이 없을 때 rRNA나 tRNA가 헛되게 만들어지는 것을 방지하고 있다. 이 처럼 긴급한 때의 응답을 '긴급응답'이라고 한다. ppGpp는 세포의 아미노산 기아의 적신호(赤信號)인 것이다. 이와 같은 물질 결핍 시의 적신호를 '알아몬(경보호르몬)'이라고도 한다.

전술한 바와 같은 cAMP나 아데노신 4인산(ApppppA, 〈그림 2-2〉의 d)도 알아몬의 일종이다. cAMP는 세포 주위에 탄소원이 결여되면 다른 당을 대사하는 효소의 합성을 촉진한다. ApppppA는 세균의 세포 내에 tRNA가 존재하지 않을 때 아미노아실(Aminoacyl)-tRNA 합성효소에 의해서 만들어지는 적신호물질이다. 즉 세포 내에 tRNA가 부족하다는 것을 알리는 역할을 한다. 진핵세포에서는 복제가 잘 작동하고 있지 않다는 것을 알리며, DNA의 합성을 촉진하는 역할도 한다.

ATP는 에너지원

뉴클레오시드에 인산이 3개 붙으면 고에너지화합물이 된다. 예컨대, 아데노신 5′-3인산(ATP)은 고에너지화합물로서 널리 생체 내에 분포하고 있으며 모든 활동의 에너지원이 된다(〈그림 2-2〉의 e). ATP의 고에너지는 말단의 피로인산(Pyrophosphate) 결합이 가수분해되어 아데노신 3′-2인산(ADP)으로 변화될 때에 생산된다. 그 생산되는 에너지는 중성(中性) 부근에서 1mole 당 7.3kcal이다. 표준 체중 70kg의 성인 남자의 하루에 필요한 에너지를 2,800kcal이라고 한다면 ATP로 환산하여 384mole, 즉 190kg이 된다. 그러나 실제로는 50g 정도밖에 존재하지 않는다. 그 정도 소량의 ATP로 충족되고 있는 것은 ATP가 생체 내에서 무기 인(燐)과 ADP에 가수분해됨과 동시에 역(逆)으로 무기 인과 ADP로부터 계속 만들어져 공급되고 있기 때문이다.

ATP의 공급 과정은 주로 해당계(解糖系)나 호흡계(呼吸系)이다. 해당계에서는 포도당이 피루브산(Pyruvic Acid)으로 분해되는 동안에 합계 2분자의 ATP가 만들어진다. 이것에 대해서 포도당이 이산화탄소(CO_2)와 물(H_2O)로 완전히 산화되면 구연산 회로(Citric Acid Cycle)와 산화적 인산화 반응경로의 합계로 38분자의 ATP가 만들어진다. 이처럼 생물체는 해당과 호흡의 여러 반응 단계에서 방출되는 에너지를 ATP의 형태로 보존하며, 그것을 갖가지 생체 반응에 이용하고 있다.

ATP 외에도 고에너지의 뉴클레오시드-3인산이 있다. 즉, 구아노신(Guanosine) 5′-3인산(GTP), 우리딘(Uridine) 5′-3인산(UTP), 시티딘(Cystine) 5′-3인산(CTP)이다. 이들은 모두 RNA 합성의 출발 재료로 사용된다. 또한 다음에 기술하는 바와 같

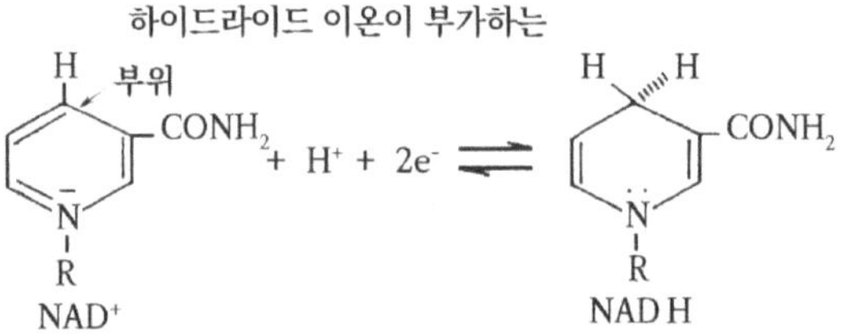

하이드라이드 이온이 부가하는 부위

$$NAD^+ + H^+ + 2e^- \rightleftharpoons NADH$$

〈그림 2-3〉 NAD⁺의 전자 수용반응

이 GTP는 단백질 합성에, UTP는 당의 합성에, CTP는 지질(脂質)의 합성에 매우 중요한 역할을 하고 있다. 이처럼 뉴클레오티드의 염기 종류에 따라 생체 내에서의 역할 분담이 보이는 것은 흥미로운 일이다.

효소의 작용을 돕는 보효소

뉴클레오티드가 2분자 인산끼리 결합하면 피로인산이 된다. 피로인산 중에도 중요한 화합물이 있다. 그중에는 니코틴산아미드 아데닌 디뉴클레오티드(Nicotinamide Adenine Dinucleotide, NAD)와 NAD 인산(NADP)이라고 불리는 보효소가 있다(〈그림 2-2〉의 f, g). NAD는 니코틴산 아미드와 아데닌의 2개 뉴클레오티드가 연결된 화합물이다. 보효소는 효소에 약하게 결합하여 효소의 촉매작용을 돕는 역할을 한다. 이들 효소는 산화형(NAD⁺, NADP⁺)과 환원형(NADH, NADPH)의 두 형태로 존재한다. 이들 보효소의 니코틴산 아미드 부분은 탈수소효소(脫水素酵素)의 촉매작용으로 기질로부터 이동하는 하이드라이드 이온(Hydride Ion, H⁻: H 이온과 2전자로 이루어짐)을 받거나 넘겨주거나 하는 기능을 지니고 있다(그림 2-3). 한편 아데닐산의 부분은 탈수소효소와 상호작용하며 N 부분을 탈수소효소의 정해진 위치에 연결해 주는 역할을 한다. 이들 탈수소효소는 알코올이나 포도당 등 매우 많은 생체물질의 산화환원(酸化還元)에 관련하고 있다.

마찬가지로, 피로인산 결합으로 아데닐산에 연결된 보효소에 플라빈 아데닌 디뉴클레오티드(Flavin Adenine Dinucleotide, FAD)와 보효소A가 있다(〈그림 2-2〉의 h, i). FAD는 리보플라빈 (Riboflavin)부와 아데닐산이 연결한 것이다. 리보플라빈은 비타민B라고도 하며 최초로 우유로부터 분리되었다. FAD는 생물 전체에 걸쳐 널리 분포되고 있으며 생체산화에서 전자전달(電子傳達)에 중요한 역할을 하고 있다. 즉, FAD는 갖가지 탈수소효소의 보효소로서 효소에 견고하게 결합하고 있어 효소의 산화환원반응의 전자전달체로서 기능한다. FAD가 결합한 효소는 황색을 띠고 있으므로 황색효소라고도 한다.

보효소A는 코엔자임A(CoA)라고도 불리며 그 구조는 다소 복잡하다. 즉, β-머캡토에틸아민(β-Mercaptoethylamine)과 판토텐산(Pantothenic Acid) 및 아데닐산의 3자가 연결한 구조로 되어 있다. 리프만(Lipmann) 및 캐플런(Kaplan)에 의해서 보효소A가 보효소로서의 기능을 지니고 있다는 것이 명백해졌으나 그 해명에는 12년이라는 긴 세월이 소요되었다. 보효소A는 생물 전체에 널리 존재하며 아실(Acyl)기의 운반체로서 기능하고 있다. 보효소A는 말단에 티올(Thiol: SH)기를 지니고 있으며 이 기와 아실기(RCO—)가 반응하여 티오에스테르(Thioester)를 형성한다. 대사경로(代謝經路)상에서는 보효소A는 피루브산(Pyruvic Acid) 등의 α-케토(Keto)산의 산화반응에 관여하고 있다. 해당

계에서 포도당으로부터 분해된 피루브산은 보효소A와 반응하여
아세틸(Acetyl) CoA가 된다. 또한 아세틸 CoA는 옥살(Oxal)초
산(醋酸)과 반응하여 구연산(枸櫞酸)이 되며, 이것으로서 구연산
회로가 시작된다. 이처럼 보효소A는 대사경로의 매우 중요한
곳에서 아실기의 운반체로서 관여하고 있다.

지질과 당합성의 활성중간체

그 외의 뉴클레오티드 유도체도 생체 내에서 중요한 작용을 하
는 것들이 많다. 인지질이나 콜린(Choline)과 시티딜산(Cytidylic
Acid)이 연결한 CDP 디아실글리세롤(CDP Diacylglycerol)이나
CDP 콜린은 인지질 합성의 활성중간체(活性中間體)이다(〈그림
2-2〉의 j, k). 인지질은 세포막의 주요 구성 성분이다. CDP 디아
실글리세롤은 포스파티드산(Phosphatidic Acid)과 시티딘 5′-3인
산(CTP)으로부터, CDP 콜린은 콜린 인산과 CTP로부터 활성중
간체로서 생합성된다. 이들 활성중간체는 최종적으로 포스파티딜
콜린 등의 인지질로 변환된다.

당과 우리딜산(Uridylic Acid)이 연결한 것에는 UDP-글루코
오스(UDP-Glucose)가 있다(〈그림 2-2〉의 ℓ). UDP-글루코오스
는 세균이나 동식물세포에 존재하는 당 뉴클레오티드의 일종으
로서 우리딘 5′-3인산(UTP)과 글루코오스-1-인산으로부터 합
성된다. 생체 내에서는 당류, 예컨대 소당(少糖), 다당(多糖), 각
종 배당체(配糖體)의 생합성에 있어서 글루코오스의 공여체(供與
體)로서 이용된다.

이처럼 저분자의 뉴클레오티드에는 생체 내 갖가지 정보의
메신저나 시그널(Signal), 에너지원, 효소의 촉매작용을 돕는 보

효소, 갖가지 생체물질 합성의 활성중간체 등 생체 내에서 매우 중요한 역할을 하는 것이 많다.

RNA의 물리화학적 성질

RNA는 DNA보다도 불안정

RNA는 뉴클레오시드가 3′, 5′-인산 디에스테르 결합에 의해서 규칙적으로 결합하여 있는 고분자이다(그림 1-6). RNA는 DNA보다도 화학적으로 불안정하여 가수분해되기 쉽다. 이것은 RNA의 리보오스의 3′ 위치의 수산기에 인접하는 2′ 위치의 수산기가 반응에 관여하기 때문이다. 예컨대, RNA를 약한 알칼리 수용액 속에서 37℃로 10~20시간 처리하면, 가수분해가 일어나 2′ 위치 또는 3′ 위치에 인산기를 지닌 모노뉴클레오티드(Mononucleotide)가 얻어진다. DNA는 이 조건에서는 거의 분해되지 않는다.

RNA의 효소적 절단

RNA는 알칼리용액 중에서의 화학분해 이외에 효소적으로 분해된다. 예컨대, 사독(蛇毒) 포스포디에스테라아제(Phosphodiesterase)나 비장(脾臟) 포스포디에스테라아제 등의 핵산 분해효소에 의해서 말단으로부터 산산이 분해되어 모노뉴클레오티드를 생성한다. 이처럼 RNA를 말단으로부터 분해하는 효소는 엑소뉴클레아제(Exonuclease)라고 한다.

또한 1957년 에가미 씨 등에 의해서 사상균(絲狀菌)의 일종인 누룩곰팡이로부터 분리된 리보뉴클레아제(Ribonuclease) T_1은 구아닌 염기를 특이적으로 인식하여 절단한다. 즉, 우선 $3'$-구아닐산 잔기와 이웃의 뉴클레오티드 간의 인산 디에스테르 결합을 절단하여 $2'$, $3'$-환상 구아닐산을 $3'$ 말단에 지니는 올리고뉴클레오티드(Oligonucleotide)의 중간체를 생성하고 최종적으로 3-구아닐산으로까지 분해한다. 에가미 씨 등에 의해서 발견된 리보뉴클레아제 T_1은 1965년 홀리(Holley) 등에 의한 tRNA의 뉴클레오티드 배열 결정에 크게 공헌하였다.

어떤 특정한 염기를 인식하여 절단하는 다른 효소로는 소의 췌장으로부터 분리된 리보뉴클레아제A와 리보뉴클레아제U_2가 있다. 리보뉴클레아제A는 C나 U와 같은 피리미딘 염기를 특이적으로 인식하여 피리미딘 염기의 $3'$ 측에서 절단한다. 리보뉴클레아제U_2는 1968년 아리마(有馬) 씨 등에 의해서 원생담자균(原生擔子菌)의 일종인 Ustilago Sphaerogena로부터 분리되어 아데닌이나 구아닌과 같은 푸린 염기를 특이적으로 인식하여 그 $3'$ 측 말단에서 절단한다. RNA 가닥의 내부에서 분해하는 리보뉴클레아제는 엔도뉴클레아제(Endonuclease)라고 한다.

이와 같은 RNA의 특정 염기를 인식하여 절단하는 효소는 RNA의 1차 구조 결정에 오늘날 필수 불가결의 도구가 되고 있다.

뉴클레오시드의 염기와 당의 결합(글리코시드 결합)은 비교적 안정하기 때문에 화학적으로 절단하기 위해서는 더욱 강한 조건이 필요하다. 산성조건하에서 가열하면 푸린 염기와 당 사이의 글리코시드 결합은 쉽게 절단되나, 피리미딘과의 사이의 결합은 안정하여 절단되기 어렵다. 뉴클레오시드는 뉴클레오시다아제(Mucleosidase)라고 불리는 효소에 의해서도 글리코시드 결합이 가수분해되어 염기와 당이 된다. 이 효소는 감자, 효모 및 세균 등으로부터 분리되고 있으며 푸린에만 작용하는 것과 푸린 및 피리미딘의 양쪽에 작용하는 것 등이 알려져 있다.

핵산 염기는 수소결합할 수 있다

RNA의 핵산 염기에는 전술한 바와 같이 푸린의 아데닌(A)과 구아닌(G), 피리미딘의 우리딘(U)과 사이토신(C)이 있다. 염기의 환의 부분은 모두 평면 분자로서 한 변(邊)이 1.30~1.44Å인 정육각형(피리미딘 환)이거나 정육각형과 정오각형이 융합한 구조(푸린 환)를 하고 있다. 환의 바깥 원자단의 아미노기 등도 환과 동일 평면에 있다.

핵산 염기는 프로톤(Proton, 수소 이온)을 방출하는 산으로서의 성질과 프로톤을 받아들이는 염기로서의 성질을 겸비한 양성물질(兩性物質)이다. 프로톤은 환 내의 질소 원자, 아미노기, 산소 원자 등에 부가되기 쉽다. 이처럼 프로톤이 갖가지 장소에 이동하면 갖가지 모양의 구조체를 형성한다. 즉, 아미노기는 아미노형과 이미노(Imino)형이, 카르보닐(Carbonyl)기는 케토형과 에놀(Enol)형의 두 가지 모양이 각각 존재할 수 있다. 그러나 환 외의 원자단인 아미노기와 카르보닐기는 대부분이 아미노형 및 케토형으로 존재하고 있다.

RNA는 염기 간의 회합(會合)에 의해서 2차 및 3차 구조를 안정화하거나 다른 RNA 분자와 상호작용할 수 있다. 이 염기-염기 간의 상호작용에는 염기 면에 수평적인 수소결합과 염기 면에 수직적인 중적(Stacking)이 기여한다. 수소결합에 직접 관

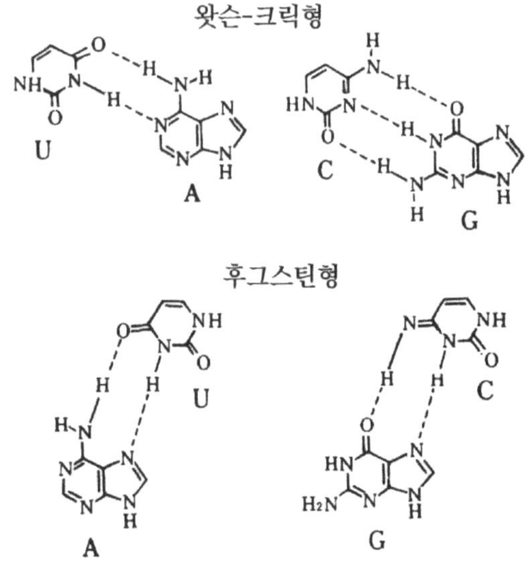

〈그림 2-4〉 왓슨-크릭형과 후그스틴형 염기쌍

여하는 것은 아미노기, 케토기 및 환의 질소 원자로서 N-H-O
또는 N-H-N형의 배치를 취한다. RNA의 핵산 염기는 동종 염
기 간이나 이종 염기 간에서 회합체를 형성할 수 있다. 예컨대,
A/U, G/C, A/A, U/U, G/G, C/C가 그것들이다. 염기쌍의
형태에는 왓슨-크릭형과 후그스틴(Hoogsteen)형의 상보적 염기
쌍이 있다(그림 2-4). 염기의 조합의 종류나 용액 내의 조건에
따라 왓슨-크릭형이 안정한 경우가 있고 후구스틴형이 안정한
경우도 있다.

또한 워블(Wobble) 염기쌍도 형성이 가능하다. 와블(요동, 비
틀거림) 가설은 1966년 크릭에 의해서 tRNA에 의한 코돈 인식
의 다양성을 설명하기 위해 제출된 가설이다. 4장의 유전코드

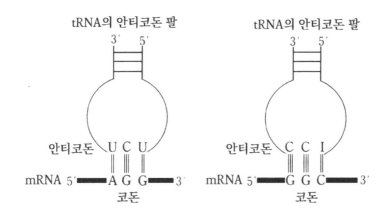

〈그림 2-5〉 코돈과 안티코돈의 워블 염기쌍 형성. 안티코돈의 첫 문자인 U나
I는 코돈의 G와 C와 각각 염기쌍을 만듦

에 관한 곳에서 자세히 기술되겠지만, 한 아미노산에 둘 이상
의 코돈이 대응하고 있는 경우 한 종류의 tRNA가 몇 개의 코
돈을 인식할 수 있다는 것이 알려져 있다. 코돈과 tRNA의 안
티코돈이 수소(H)결합으로 쌍을 만들 때 코돈의 3번째(3′ 말단)
염기와 안티코돈의 첫 번째(5′말단) 염기의 쌍은 느슨하여 요동
이 있게 된다(그림 2-5). 이와 같은 워블 염기쌍은 G/U, I(이노
신)/C, I/U, I/A의 사이에서 형성 가능하다(그림 2-6). 이처럼
워블 염기쌍을 고려하면 코돈의 인식 다양성을 잘 설명할 수
있다.

상세한 염기 간의 상호작용은 개개의 염기, 뉴클레오시드, 뉴
클레오티드나 이들의 복합체의 결정 구조 해석에 의해서 명백
해지고 있다.

염기 일부가 화학적인 변희를 받게 되면 아미노기, 케토기는

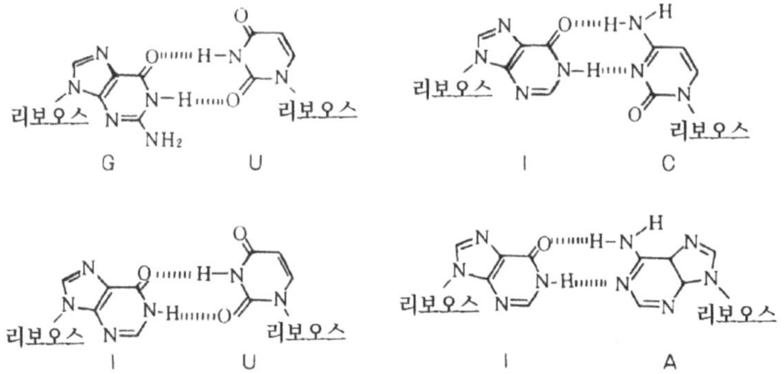

〈그림 2-6〉 각종 워블 염기쌍. G는 구아노신, U는 우리딘, I는 이노신,
C는 시티딘, A는 아데노신

각각 이미노형, 에놀형으로 변하는 경우가 있다. 이 변화를 호
변이성화(互變異性化)라고 한다. 호변이성화에 의해서 에놀형으로
된 U, G는 C, A와 흡사하며, 이미노형의 C와 A는 U와 G 대
신이 될 수 있다. 이 호변이성화에 의한 염기 인식의 잘못이
유전자 복제 때에 일어나면 돌연변이를 유발하게 되는 것이다.

핵산 염기는 중적한다

RNA의 핵산 염기는 수평적인 수소결합에 의한 쌍 외에 이
웃 염기에 평행적으로 중적(重積, Stacking: 겹겹이 쌓임)되어 있
다. 이 중적은 핵산의 나선 구조의 안정화에 매우 중요하다. 중
적 상호작용은 푸린/푸린 사이가 가장 강하며 피리미딘/푸린,
피리미딘/피리미딘의 순이다. 또한 염기쌍의 수소결합은 조성
에 의존하는 것에 반하여 중적은 조성과 배열의 양쪽에 의존한
다는 것이 양자화학 계산의 결과로부터 명백해졌다.

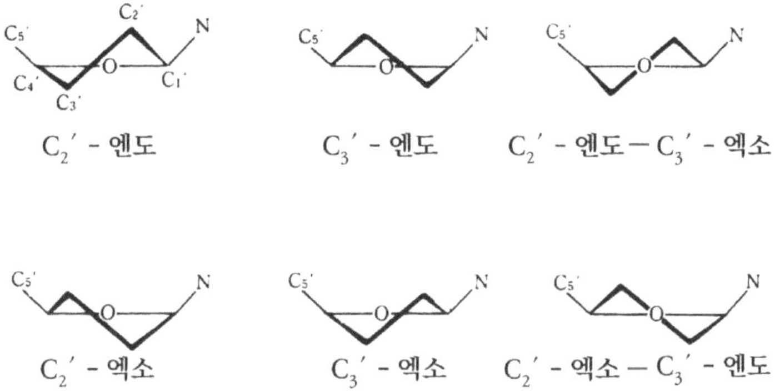

C_2' - 엔도 C_3' - 엔도 C_2' - 엔도 — C_3' - 엑소

C_2' - 엑소 C_3' - 엑소 C_2' - 엑소 — C_3' - 엔도

〈그림 2-7〉 리보오스의 푸라노오스 환의 비틀림형 임체배좌

리보오스의 구조

뉴클레오시드의 리보오스 부분은 염기 부분과는 달리 평면 구조를 취하고 있지 않다. 즉, 리보오스의 1개의 산소(O) 원자와 4개의 탄소(C) 원자는 동일 평면상에 있지 않다. 다시 말해 비틀어진 구조를 취하고 있다. 뉴클레오시드의 X선 결정 해석 결과로 미루어, 두 번째와 세 번째 탄소 원자의 위치가 첫 번째 탄소 및 산소와 네 번째 탄소가 만드는 기준면(基準面)으로부터 0.5Å가량 어긋난 구조라는 것이 알려져 있다. 다섯 번째 탄소 원자와 같은 쪽에 있는 것을 엔도(Endo)형이라고 하며 반대쪽의 것을 엑소(Exo)형이라고 한다(그림 2-7). 리보오스의 환구조(環構造)가 평면적으로 되고자 할 때는 그들 사이에서 강한 반발력이 작동하므로 안정한 구조를 취할 수 없고, 그것을 완화하기 위해서 엔도 및 엑소형을 취하는 것이다.

핵산 염기 부분과 리보오스의 연결 부위는 그 축(軸) 주위를 비교적 자유로이 회전할 수 있으나, 그렇다고 완전히 자유로운

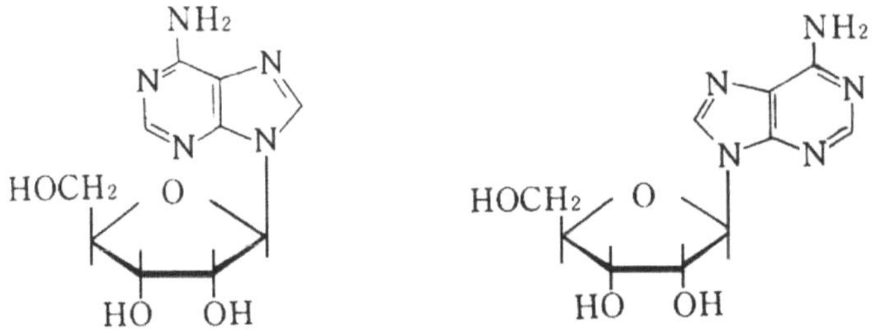

아데노신(신형)　　　　　아데노신(안티형)

〈그림 2-8〉 아데노신의 신형과 안티형 구조

것도 아니다. 그 회전이 속박당하면 두 구조를 취하는 것이 가능하게 된다. 즉, 신(사인)형과 안티형이 그것이다(그림 2-8). 신형은 염기 부분이 리보오스의 환 위에 오는 구조이며 안티형은 염기 부분이 리보오스의 환 바깥쪽에 오는 구조이다. 신형과 안티형은 용액 중에서는 상당히 신속히 서로 변환하는 것으로 보인다. 양자의 평형은 리보오스나 염기 부분의 수식에 의해서 제어되고 있다. 예컨대, 푸린 환의 8위나 피리미딘 환의 6위에 브로민(Br)이나 메틸(Methyl)기와 같이 부피 큰 원자단(原子團)을 도입하면 평형은 신형으로 기울어진다. 즉, 부피 큰 원자단에 의해서 핵산 염기와 리보오스의 연결부 둘레의 회전이 방해되는 것이다.

RNA는 다양한 입체 구조를 취할 수 있다

RNA는 금속 이온과 결합할 수 있는 4개 부위[(-)로 하전된 인산의 O 원자, 당의 OH기, 염기의 환의 N, 염기의 환 외의 케토기]를 지니고 있다. 예컨대 Mg 이온은 (+)로 하전되어 있기 때

머리핀 루프   내부 루프   벌지

〈그림 2-9〉 RNA의 갖가지 2차 구조

문에 (−) 하전의 인산기와 결합하며 인산기끼리 연결하는 역할을 한다. 그러므로 금속 이온은 RNA의 고차 구조의 안정화에 매우 중요하다.

　RNA 분자는 상보적 염기배열을 갖는 다른 RNA 분자와 이중나선(Double Helix) 구조를 형성할 수 있다. RNA의 농도가 매우 높게 되면 다중쇄(多重鎖)가 만들어지는 경우도 있다. 합성 고분자를 사용한 연구로부터 1개의 폴리(A) 쇄와 2개의 폴리(U) 쇄는 산성 조건으로 3중쇄를 형성한다는 것이 밝혀졌다. 또한 외가닥의 RNA 분자도 분자 내의 염기 간에서 상보적 수소결합을 형성하여 안정된 2차, 3차 구조를 취할 수 있다. 이때 인접하는 염기 간의 중적이 안정화에 크게 기여한다.

　RNA는 염기쌍을 형성할 수 없는 루프(Loop)라는 모양을 취할 수 있다. 머리핀 루프(Hairpin Loop), 내부 루프, 벌지 루프(Bulge Loop) 등은 현재 중적 영역의 자유에너지 계산으로서 추정할 수 있다(그림 2-9). 또한 최근에는 가매듭(Pseudoknot)이라는 기묘한 구조의 존재도 고려되고 있다. 이 구조는 동일한 가닥(鎖) 내에서 스템(쌍을 만들고 있는 부분)과 루프의 구조를 각각 2개소 만들고 있다(그림 2-10). 가매듭의 구조는 mRNA의 리보솜프레임 시프트(Ribosome Frame Shift)의 시그널 부분이

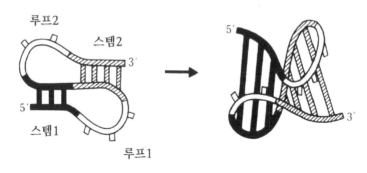

루프2
스템2
3'
5'
스템1
루프1
5'
3'

〈그림 2-10〉 가매듭의 구조

나, mRNA상 단백질 번역 과정의 리프레서(Repressor)라고 불리는 단백질의 조절인자가 결합하는 부위에 존재한다고 생각되고 있다. 리보솜프레임 시프트는 2개 이상의 중복되는 유전자가 존재하는 경우 그중에서 1종류의 단백질만을 합성하고자 할 때 작동하는 코돈의 판독(判讀) 틀의 '엇갈림'이다. 이처럼 가매듭의 구조는 mRNA상의 조절 부위에 존재하고 있는 것으로 보인다.

RNA의 3차 구조는 단백질과 비교하여 융통성이 있으며 분자 내의 다른 상보배열의 어느 곳에서 염기쌍을 형성하여 구조를 변화시키는 것도 가능하다. 외부 인자(다가금속 이온이나 폴리아민류 등)는 3차 구조를 유지하는 데 유용하며, 최근 발견된 RNA의 촉매작용(자기 스플라이싱)을 행하기 쉽게 한다고 한다. 그러나 현재까지 3차 구조가 명백히 밝혀진 RNA 분자는 결정화된 tRNA 등 극히 일부에 한정되어 있다.

보통의 RNA는 뉴클레오시드의 사이가 3', 5'-인산 디에스테르로 연결되어 있으나 2', 5'-인산 디에스테르 결합으로 연결된 것도 있다. 2~15개의 아데닐산이 2′, 5′-인산 디에스테르 결합으로 연결된 2, 5-A라고 불리는 올리고아데닐산은 세포를 바이러스 감염으로부터 방어할 때 유용하다. 즉, 세포가 바이러스의 감염을 받게 되면 바이러스의 감염을 저지하는 인터페론(IFN)이라는 단백질이 우선 만들어진다. 다음으로 이 IFN에 의해서 2′, 5-A 합성효소가 유도되며, 더욱이 이 효소에 의해서 2, 5-A가 만들어진다. 또한 다음 단계에서는 2, 5-A가 불활성형의 RNA 분해효소에 결합하여 이것을 활성화한다. 이 활성화된 RNA 분해효소에 의해서 바이러스의 외가닥 RNA가 절단된다. 이와 같은 체계로 항(抗)바이러스 상태가 유도된다.

또한 동일한 리보오스 내에 3′, 5′-인산 디에스테르 결합과 2′, 5′-인산 디에스테르 결합을 지닌 RNA도 알려져 있다. 이것에 관해서는 6장의 RNA 촉매에 관한 곳에서 기술할 것인데, 이 RNA는 그룹II 인트론이라는 rRNA의 자기 스플라이싱 과정이나 핵 내 mRNA의 스플라이싱 과정에서 형성된다. 이와 같은 RNA는 올가미 모양(投繩狀)의 구조를 형성한다.

3장

RNA의 생합성

뉴클레오티드의 생합성

푸린 염기의 생합성은 다단계

핵산 염기의 푸린 염기나 피리미딘 염기는 생체 내에서 어떻게 만들어지는 것일까? 여기에서는 핵산 염기의 생합성에 대해서 살펴보자.

푸린 염기의 아데닌은 무생물적으로는 사이안화수소(HCN)로부터 매우 쉽게 만들 수 있다. 그러나 생체 내에서는 몇 단계나 되는 복잡한 효소 반응에 의해서 만들어지고 있다. 그 일련의 생합성 과정이 〈그림 3-1〉에 나타나 있다. 푸린 염기의 생합성 특징은 리보오스에 반응기가 조금씩 부가되면서 조립되어 가는 것이다.

우선 리보오스의 1위의 탄소(C)가 피로인산 결합의 형성에 의해서 활성화된다. 이것은 리보오스-5-인산과 ATP로부터 5-포스포리보실-1-피로인산(PRPP: 1)이 생기는 반응이다. 다음으로 이 PRPP에 아미노산의 일종인 글루타민이 반응하여 5-포스포리보실-1-아민(2)이 생긴다. 이 반응은 피로인산의 가수분해 반응과 공액(共軛)하여 진행된다. 포스포리보실아민(Phosphoribosylamine: 2)에 글리신(Glycine)이 반응하여 글리신아미드리보 뉴클레오티드(Glycinamide Ribonucleotide: 3)가 다음으로 생긴다. 이 반응에는 ATP의 에너지가 필요하다. 더욱이 3의 글리신의 α-아미노기가 메테닐테트라히드로엽산(Methenyltetrahydrofolate)의 포르밀(Formyl)기와 반응하여 N-포르밀글리신아미드 리보뉴클레오티드(N-Formylglycinamide Ribonucleotide: 4)로 변한다. 더욱이 4의 아미드기가 아미노산의 일종인 글루타민으로부터 질소를 받아 포르밀글리신아미딘 리보뉴클레오티드(Formylglycinamidine Ribonucleotide: 5)가 된다. 이 반응에도 ATP의 에너지가 필요하다. 다음으로, 5가 환을 틀면 5-아미노이미다졸 리보뉴클레오티드(Aminoimidazole Ribonucleotide: 6)로 변한다. 이것으로 겨우 푸린 환의 5원환(五員環)의 부분이 만들어진 것이다.

다음은 6원환 부분의 합성이다. 우선, 6의 4의 위치가 이산화탄소로 카르복실(Carboxyl)화되어 5-아미노이미다졸-4-카본산 리보뉴클레오티드(5-Aminoimidazole-4-Carboxylate Ribonucleotide: 7)가 된다. 더욱이 이 화합물은 아스파라긴(Asparagine)산과 반응하여 5-아미노이미다졸-4-N-숙시노카르복사미드 리보뉴클레오티드(5-Aminoimidazole-4-N-Succinocarboxamide Ribonucleotide: 8)로 변화한다. 이 반응에는 ATP의 에너지를 필요로 한다. 다음으로 아스파라긴산의 골격 부분이 제거되어 아미드기로 변화하여 5-아미노이미다졸-4-카르복사미드 리보뉴클레오티드(5-Aminoimidazole-4-Carboxamide Ribonucleotide: 9)를 생성한다. 9의 5위에 있는 아미노기가 10-포르밀테트라히드로엽산(10-Formyltetrahydrofolate)과의 반응으로 포르밀화되어 5-포름아미드이미다졸-4-카르복사미드 리보뉴클레오티드(5-Formamidoimidazole-4-Carboxamide Ribonucleotide: 10)가 되며, 이 화합물이 다시 탈수, 폐환(閉環: 고리 닫힘)하여 이노신산(IMP: 11)이 생성된다. 이것으로 마침내 푸린 환의 골격이 만들어진 것이다.

RNA를 구성하고 있는 아데닐산(AMP)과 구아닐산(GMP)은 이 IMP로부터 만들어진다. IMP의 6위의 카르보닐(Carbonyl)기의 산소가 아미노기로 변한 것이 AMP이며, IMP의 2위의 아미노

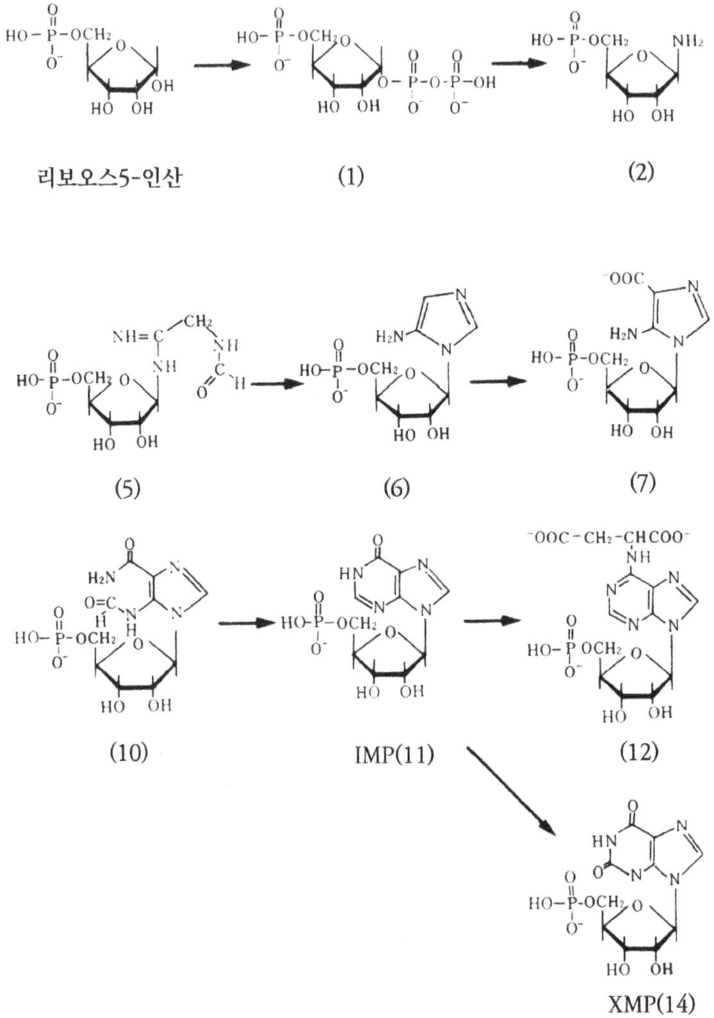

〈그림 3-1〉 푸린 뉴클레오티드의 생합성 경로

(3)

(4)

(8)

(9)

AMP(13)

GMP(15)

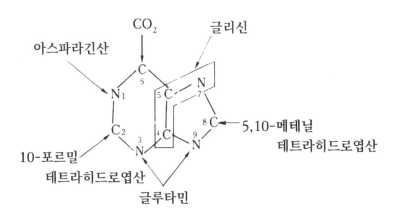

<그림 3-2> 갖가지 전구체로부터의 푸린 염기의 조립

기가 붙은 것이 GMP이다. 우선, IMP의 6위에 아스파라긴산이 붙어 아데닐로숙신산(Adenylosuccinic Acid: 12)이 되며, 다시 푸마르산(Fumaric Acid)으로서 떨어져 나가게 되면 AMP(13)로 변한다. 한편, IMP가 산화되면 크산틸산(Xanthylic Acid, XMP: 14)이 되며 다시 글루타민의 아미드기로부터 아미노기가 2의 위치에 옮겨져 GMP(15)가 생성된다.

이처럼 푸린 염기는 여러 가지 전구체(前驅體)로부터 조립되는 것이다. <그림 3-2>에 명시한 바와 같이 N1위는 아스파라긴산으로부터, C2위는 10-포르밀 테트라히드로엽산으로부터, N3과 N9위는 글루타민으로부터, C4와 C5위, N7위는 글리신으로부터, C6위는 이산화탄소로부터, C8위는 5, 10 메테닐테트라히드로엽산으로부터 각각 유래한다.

이들 일련의 푸린 뉴클레오티드 합성경로를 de novo(새로운, 개정된) 합성경로라고 한다. 왜 이와 같은 수십 단계나 되는 생

$$E \longrightarrow D \longrightarrow C \longrightarrow B \longrightarrow A \longrightarrow P$$

〈그림 3-3〉 대사경로의 진화

합성과정을 거쳐 만들어지는 것일까? 그것은 대사경로의 진화와 관계가 있다. 일반적으로 〈그림 3-3〉에 명시한 바와 같은 순서로 진화되어 왔다고 생각되고 있다. 즉, 목적으로 하는 생성물(P)은 최초에 A라는 물질이 있을 때 A로부터 만들어진다. 그러나 A가 없어져 버리면 이번에는 B로부터 A를 만드는 경로가 진화하며, B로부터 만들어지게 된다. 더구나, B가 없어져 버리면 C로부터 B를 만드는 경로가 진화한다는 것과 같이 다음에서 다음으로 새로운 대사경로가 만들어져 현재의 일련의 대사경로가 완성된 것이다.

푸린 뉴클레오티드는 de novo 합성경로뿐만 아니라 샐비지(Salvage) 경로라는 재이용 경로에 의해서도 만들어진다. 즉, 뉴클레오티드의 가수분해에 의해서 생성된 푸린 염기가 전술한 바와 같은 PRPP(1)와 직접 반응하여 푸린 뉴클레오티드가 만들어진다. 이와 같은 경로에 의해서 한번 만들어진 푸린 환은 헛됨 없이 재이용되는 것이다.

피리미딘의 생합성은 간단하다

우라실이나 사이토신과 같은 피리미딘 염기는 어떻게 하여 생합성되는 것일까? 푸린 염기의 경우에는 리보오스-5-인산에서 조립되어 갔으나 피리미딘 염기의 경우에는 피리미딘 환의 골격이 최초에 조립된 다음에 리보오스 인산 부분이 덧붙게 되

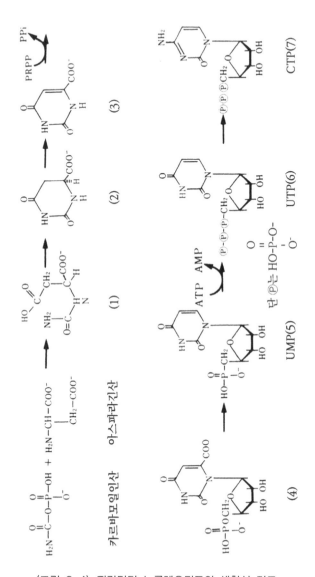

〈그림 3-4〉 피리미딘 뉴클레오티드의 생합성 경로

는 것이다.

〈그림 3-4〉에서 보는 바와 같이 피리미딘염기의 합성 최초 단계는 카르바모일 인산(Carbamoyl Phosphate)과 아스파라긴산으로부터 N-카르바모일 아스파라긴산(N-Carbamoyl Aspartic Acid: 1)이 만들어지는 반응이다. 카르바모일 인산은 글루타민과 ATP와 탄산 이온으로부터 만들어진다. 1에서부터 H_2O가 떨어져 나가 폐환하면 디히드로오로토산(Dihydroorotic Acid: 2)이 되며, 다시 탈수소되어 오로토산(Orotic Acid: 3)이 된다. 이것으로 피리미딘 환이 만들어진 것이다. 더욱이 3이 5-포스포리보실-1-피로인산(PRPP)과 반응하여 오로티딘산(Orotidine Acid: 4)이 된다. 4의 탈탄산(脫炭酸)에 의해서 우리딜산(UMP: 5)이 생성된다. 5는 다시 ATP에 의해서 인산화되어 우리딘-3-인산(UTP: 6)으로 변화된 후 그 4위의 산소(O)가 글루타민의 아미노기로 치환되어 시티딘-3-인산(CTP: 7)이 된다. 피리미딘 뉴클레오티드의 생합성은 그 구조가 간단하기 때문에 6, 7단계로 짧고 푸린 뉴클레오티드의 거의 반 정도의 과정으로 합성된다.

합성량은 스스로 조절한다

푸린이나 피리미딘 뉴클레오티드의 세포 내에서의 합성량은 IMP, AMP, GMP, UMP, CTP 등에 의해서 조절된다. 이것을 피드백(Feedback) 조절이리고 한다. 피드백 조절은 최종 산물 저해(最終産物沮害)라고도 한다. 즉, 대사경로의 최초 반응 촉매가 되는 효소의 활성이 그 경로의 최종 산물에 의해서 특이적으로 저해되는 현상인 것이다. 이것은 세포 조절 작용의 한 가지로, 최종 산물이 과다하게 축적된 경우 그 합성경로의 최초

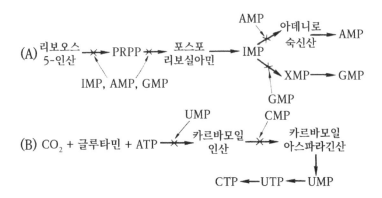

〈그림 3-5〉 푸린 뉴클레오티드(A)와 피리미딘 뉴클레오티드(B)의 생합성의
         피드백 조절

단계를 정지함으로써 세포 내의 농도를 언제나 일정한 조건으로 보존할 수 있는 체계이다. 최종 산물은 효소의 활성 부위와는 다른 부위에 결합하며, 그 활성 부위의 형상을 변화시키기 때문에 활성이 저해된다. 이것을 알로스테릭 저해(Allosteric Inhibition)라고 한다.

〈그림 3-5〉에서 보는 바와 같이 푸린 합성의 조절에는 IMP, AMP, GMP가 PRPP와 포스포리보실아민(Phosphoribosylamine)이 만들어지는 단계를 저해하는 것과 AMP가 아데니로숙신산(Adenylosuccinic Acid)이 생기는 단계, GMP에서 XMP가 생기는 단계를 각각 피드백 저해함으로써 행해지고 있다. 한편 피리미딘 뉴클레오티드의 생합성 조절은 UMP가 카르바모일 인산이 생기는 단계를, CTP가 카르바모일 아스파라긴산이 생기는 단계를 각각 피드백 저해함으로써 행해진다.

DNA의 전사와 RNA 합성

RNA는 DNA로부터 전사된다

RNA에는 전령 RNA(mRNA), 리보솜 RNA(rRNA), 전이 RNA(tRNA) 등의 갖가지가 있는데, 이것들은 모두 DNA의 정보에 근거하여 합성된다. 중심명제에 의하면, DNA의 정보는 RNA로 한 번 전사된 다음에 다시 단백질로 번역되는 것이다. DNA로부터 직접 단백질이 합성되지는 못한다. RNA는 DNA로부터 어떻게 합성되는 것일까? 그 체계를 상세히 살펴보기로 한다.

생체 내에서는 RNA는 DNA를 주형으로 하여 RNA 폴리머라아제(Polymerase)라는 RNA를 중합하는 효소의 촉매작용에 의해 합성된다. 예컨대, 가장 잘 연구된 대장균의 RNA 폴리머라아제의 경우 외가닥 DNA도 주형으로서 작동하나 겹가닥 DNA 쪽이 효율 좋은 주형이 된다. 그러나 DNA와 RNA의 잡종(Hybrid), 외가닥 RNA나 겹가닥 RNA는 주형이 되지 못한다. 그러므로 RNA 폴리머라아제는 DNA에 의존하는 RNA 폴리머라아제인 것이다.

중합에는 4종의 리보뉴클레오시드-3-인산, 즉 아데노신 5′-3인산(ATP), 구아노신 5′-3인산(GTP), 우리딘 5′-3인산(UTP), 시티딘 5′-3인산(CTP) 등의 고에너지 결합을 지니는 뉴클레오티드가 출발 재료로서 필요하다. RNA 폴리머라아제는 이들 활성적인 전구체를 1개씩 엮어서 주형 DNA와 상보적인 RNA 가닥을 신장하여 간다. 중합의 방향은 5′→3′이다. 중합은 신장한 가닥의 3′ 말단의 리보오스의 3′ 위 수산기(OH)가 원료의 뉴클레오시드 5′-3인산 가장 안쪽 α 위 인산기와 반응함으로써 행해진다.

RNA 합성의 특징

RNA 합성은 이와 같은 출발 물질의 형상이나 중합의 방향에 관해서는 DNA 합성과 같으나 다른 점도 몇 가지 있다. 예컨대 RNA 폴리머라아제는 프라이머가 필요하지 않다. 보통 DNA 폴리머라아제에 의한 DNA 합성의 개시에는 프라이머라는 짧은 가닥의 RNA가 필요하다. 또한 RNA 폴리머라아제는 엑소뉴클레아제 핵산 가닥을 바깥쪽으로부터 순차적으로 절단하는 분해효소 활성을 지니고 있지 않다. DNA 폴리머라아제는 3′→5′나 5′→3′ 엑소뉴클레아제 활성을 지니고 있으며, 이것에 의해서 판독 착오의 수정이나 변이한 염기 부분의 수복(修復)을 하는 것이다.

전사의 기구

대장균의 RNA 폴리머라아제의 홀로(Holo) 효소(완전효소)는 5개의 폴리펩티드 쇄(Subunit)를 지니는 분자량 약 46만의 효소이다. 서브 유닛의 조성은 $\alpha_2\ \beta\ \beta'\ \sigma\ \omega$이다. 즉, RNA 폴리머라아제는 2가닥의 α라는 폴리펩티드 쇄, 1가닥의 β라는 폴리펩티드 쇄, 1가닥의 ω라는 폴리펩티드 쇄, 1가닥의 σ라는 폴리펩티드 쇄, 그리고 1가닥의 ω라는 폴리펩티드 쇄가 각각 모인 집합체이다. σ(시그마)는 전사(轉寫)의 개시 부위를 찾아내는 데 유용하며 전사의 특이성을 높이는 것이다. ω(오메가)의 기능은 아직 알려져 있지 않다. RNA 폴리머라아제의 촉매작용은 코아 효소($\alpha_2\ \beta\ \beta'\ \omega$)가 지니고 있다. β 및 β' 서브 유닛은
주형의 DNA에 결합하는 데 유용하며 특히 β 서브 유닛에 촉
매 중심이 있다고 생각되고 있다.

전사의 제1단계는 홀로 효소가 주형 DNA의 프로모터
(Promoter)라는 부위에 특이적으로 결합하는 것이다. 프로모터
란 RNA 폴리머라아제가 특이적으로 결합하여 전사를 시작하는
40~45염기쌍의 DNA 영역을 말한다. 이 프로모터 영역의 염
기배열에는 공통성이 보인다. RNA의 합성 개시 부위의 상류
(上流) 10염기쌍 부근과 35염기쌍 부근이다. 대장균이나 파지
(Phage)의 상류 10염기쌍 부근의 공통 배열은 프리브노
(Pribnow) 배열이라고 불린다. 발견자인 프리브노의 이름에서
비롯한 것이다. 이 프리브노 배열을 삭제하면 RNA 폴리머라아
제가 결합하지 못하게 되어 버린다.

이 두 가지 영역은 약 20염기쌍, 즉 DNA의 이중나선의 2회
전분만큼 서로 떨어져 있다. RNA 폴리머라아제는 프로모터 부
위의 특이적인 입체 구조를 인식하는 것으로 보인다. 효소는
우선 개시 부위로부터 상류 35염기쌍 부근에 느슨하게 결합하
여 DNA와 복합체를 형성한다. 그 후 그 결합에 의해서 상류
10염기쌍 부근 영역의 겹가닥이 풀려 주형으로 되는 외가닥이
노출되게 된다. 이 영역은 AT 염기쌍이 많으며 풀리기 쉬운
구조로 되어 있다. 일반적으로 AT 염기쌍은 GC 염기쌍보다
수소(H)결합의 수가 적어 풀리기 쉽다. 그리하여 효소는 그 풀
린 영역에 더욱 강하게 결합하며 전사, 즉 RNA의 합성을 개시
한다.

진핵세포의 프로모터에도 공통 배열이 존재하고 있다. 전사

개시점으로부터 상류 30염기쌍 부근의 TATA 박스(Box)라는 배열과 또한 상류 80염기쌍 부근의 CCAAT 배열 등이다. 이들 배열은 변이에 의해서 영향을 받음으로써 일반적으로 전사의 활성, 즉 프로모터 활성은 저하된다. 이처럼 전사의 활성은 프로모터 영역의 배열에 따라서 크게 다르며 2개 단 정도의 차이가 있는 것도 있다.

전사의 컨트롤

전사 활성은 또한 조절 단백질에 의해서도 제어되고 있다. 조절 단백질은 DNA상 전사 개시점 상류의 오퍼레이터 (Operator)라는 부위에 결합하여 RNA 폴리머라아제의 전사 속도를 촉진하거나 지연시키거나 한다. 전사 속도를 빠르게 하는, 즉, RNA 폴리머라아제의 전사 활동을 촉진하는 조절 단백질은 액티베이터(Activator) 또는 인핸서(Enhancer)라고 한다. 전사 속도를 지연시키는, 다시 말해서 RNA 폴리머라아제의 전사 활성을 저해하는 조절 단백질은 리프레서라고 한다. 리프레서는 오퍼레이터 부위에서 주형 DNA에 결합하면 RNA 폴리머라아제가 판독하는 장소를 차단해 버리는 것이다. 그 결과 RNA 폴리머라아제가 주형 DNA에 접근하지 못하게 된다. 그러나 리프레서는 언제나 mRNA의 합성을 저해하는 것은 아니다. 리프레서는 당이나 아미노산 등의 작은 화합물에 결합함으로써 활성형과 불활성형의 어느 유형도 취할 수가 있다. 이들 작은 화합물은 코어프레서(Corepressor)라고 불린다. 예컨대 대장균의 'lac 리프레서'라는 리프레서는 당의 일종인 락토오스 (Lactose)와 결합하면 오퍼레이터에 결합하지 못하게 된다. 그

러므로 균의 증식 중에 락토오스를 가하면 불활성형의 lac 리
프레서가 증가하고 활성형의 lac 리프레서 농도가 줄어듦으로
써 mRNA가 계속 합성되며, 더구나 그것으로부터 단백질의 β
-갈락토오시다아제(β-Galactosidase)가 유도된다. 그 반대로 트
립토판(Tryptophane)의 생합성에 관여하는 리프레서의 경우에
는, 트립토판이 결합하면 활성형으로 변화하여 그 생합성을 제
어하게 된다. 세포 내에서는 이와 같은 리프레서의 상태를 변
경시킴으로써 생리적 요구에 신속히 대응하고 있다.

σ 서브 유닛은 전사를 개시한 후 인차효소로부터 떨어진다.
그리하여 다른 RNA 폴리머라아제가 전사를 개시하는 데 사용
된다. 이처럼 σ 서브 유닛은 전사의 개시에 관여하나, 전사의
종료에 관여하는 인자도 있다. 그것은 ρ(Rho, 로) 인자라고 한
다. ρ 인자는 분자량 46,000의 단백질로서 6량체(量體)를 형성
한다. ρ는 전사의 종료 부위에서 합성된 RNA와 결합하며 전
사복합체로부터 RNA를 떼어 놓는 역할을 한다. RNA 폴리머
라아제는 ρ 인자가 없어도 전사의 종료를 할 수 있으나 ρ 인
자가 있으면 더욱더 세밀한 종료 신호를 판독하여 정확히 끝나
게 된다.

진핵세포의 RNA 합성은 복잡, 다양하다

대상균의 RNA 합성은 RNA 폴리머라아제가 결합하여 풀린
DNA상에서 개시된다. 새로이 합성되는 RNA 가닥의 5′ 말단
은 아데노신 혹은 구아노신에 인산기가 3개 연결된 pppA이나
pppG에서 시작되고 있다. 드물게 시티딘이나 우라딘에 인산기
가 3개 붙은 pppC나 pppU의 경우도 있다. RNA 폴리머라아

제는 전사 개시 부위의 부근에서 푸린 뉴클레오티드로부터 개시될 수 있는 곳을 발견하는 것으로 보인다.

대장균처럼 핵을 지니지 않는 원핵세포에는 1종류의 RNA 폴리머라아제밖에 존재하지 않으나 핵을 지니는 진핵세포에는 3종류의 RNA 폴리머라아제가 존재하고 있다. 그들은 RNA 폴리머라아제 I, II, III이라고 하며, 각각 특이적인 임무를 수행하고 있다. RNA 폴리머라아제 I은 18S와 28S rRNA를, RNA 폴리머라아제 II는 mRNA를, RNA 폴리머라아제 III은 5S rRNA나 tRNA 등의 저분자 RNA를 각각 주로 합성한다. 전술한 바와 같이 대장균의 RNA 폴리머라아제는 5개의 서브 유닛을 갖는 분자량 약 460,000의 효소단백질이었으나 진핵세포의 RNA 폴리머라아제는 분자량이 440,000~600,000이나 그 서브 유닛의 구성은 각양각색이다.

rRNA는 핵 속의 핵소체(인이라고도 함)라는 리보솜 합성 공장에서 합성된다. RNA 폴리머라아제 I이나 III은 핵소체 내에서 rRNA를 맹렬한 속도로 만든다. 합성된 RNA는 단백질과 결합하여 리보솜이 된다. 이것을 패키징(Packaging)이라고 한다. '크리스마스트리'라고 불리는 rRNA가 DNA로부터 전사되어 단백질과 결합하여 패키징이 행해지고 있는 상태를 전자현미경으로 볼 수 있다(그림 3-6). 가지 모양으로 뻗어 있는 rRNA의 첫머리에 단백질의 과립이 붙어 있는 것을 알 수 있다.

세균과 같은 원핵세포로부터 RNA를 분리하여 조사하여 보면 모든 RNA의 5′ 말단이 아데노신이나 구아노신에 인산기가 3개 붙어 있는 pppA나 pppG로 되어 있는 것은 아니다. 그것은 전사 후 뉴클레아제(핵산 분해효소)에 의해서 절단되거나 하

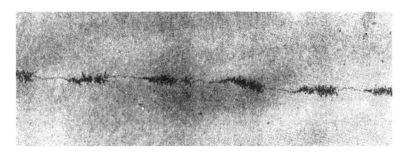

〈그림 3-6〉 영원(도롱뇽의 일종)의 난모세포의 rRNA 유전자가 전사되고 있는
모습[크리스마스트리 구조라고 불리고 있음, 도나카(東中川撤) 씨 제
공]. 유전자가 직렬 반복하고 있는 것과 rRNA가 전사되고 있는
모양을 잘 알 수 있음

기 때문이다. 예컨대, 세균의 rRNA가 만들어질 경우 16S,
23S, 5S RNA가 연결된 긴 RNA가 우선 합성되며, 그 후에
뉴클레아제에 의해서 절단되어 성숙한 16S, 23S, 5SRNA가 되
는 것이다. 마찬가지 일이 tRNA의 생합성에서도 일어난다. 또
한 진핵세포의 rRNA와 tRNA의 생합성에서도 긴 전구체의 전
사물이 우선 생기고, 그것이 절단되어 갖가지 수식을 받아 단
백질 합성 공장에서 유용한 성숙된 RNA가 된다.

원핵세포의 경우에는 극히 적은 파지의 mRNA 이외에 대부
분의 mRNA는 변화를 받지 않고 그대로 단백질 합성에 사용
된다. 그러나 진핵세포에서는 DNA로부터 전사된 RNA가 그대
로 mRNA가 되는 것이 아니고 전사된 RNA가 한 번 절단되었
다가 그 후 연결됨으로써 mRNA가 된다. 다음에서 이와 같은
RNA가 변화를 받는 과정을 살펴보기로 한다.

RNA의 가공 처리 과정: 프로세싱

RNA는 전사 후 가공된다

세포 속에 핵을 갖는 진핵세포에서는 RNA는 핵 속에서 유전자DNA의 전사에 의해서 합성된다. 그 후에 RNA는 핵으로부터 나와 세포질로 들어가며 단백질 합성에 역할을 한다. 1970년대 중반경까지 유전자의 발현 조절은 전사와 번역의 단계에서 행해지는 것으로 생각되고 있었다. 그러나 1970년대 말경에는 전사와 번역의 중간 단계에서도 조절이 행해지고 있다는 것이 밝혀지게 되었다. 예컨대, mRNA에서는 금방 전사된 미성숙의 RNA 양단에 어떤 구조체가 부가되거나, RNA 가닥이 절단되고 연결되는 것과 같은 것이 그것이다. 또한 rRNA나 tRNA에서는 최초에 긴 전구체의 RNA가 합성되어 그것으로부터 뉴클레아제에 의해서 절단되어 짧아지며, 더욱이 염기 부분이 수식을 받아 성숙한 RNA가 된다. 이와 같은 전사 후 RNA의 일련의 가공 처리 과정을 '프로세싱'이라고 한다.

머리에는 캡, 꼬리에는 폴리가 붙는다

mRNA가 합성되어 갈 때 그 가닥의 길이가 20에서부터 30 뉴클레오티드에 달하기 전의 단계에서 5′ 말단에 '캡(Cap)'이라는 구조가 덧붙는다. 그리하여 그 후 RNA 가닥은 RNA 폴리머라아제에 의해서 더욱 신장하여 간다. 이 캡 구조는 〈그림 3-7〉에서 보는 바와 같이 특수한 구조로서 구아노신의 7위가 메틸화되어 있고, 더욱이 3개의 인산기를 매개로 하여 5′-5′ 결합으로 뉴클레오티드에 연결되어 있다. 구아노신 잔기(殘基)의

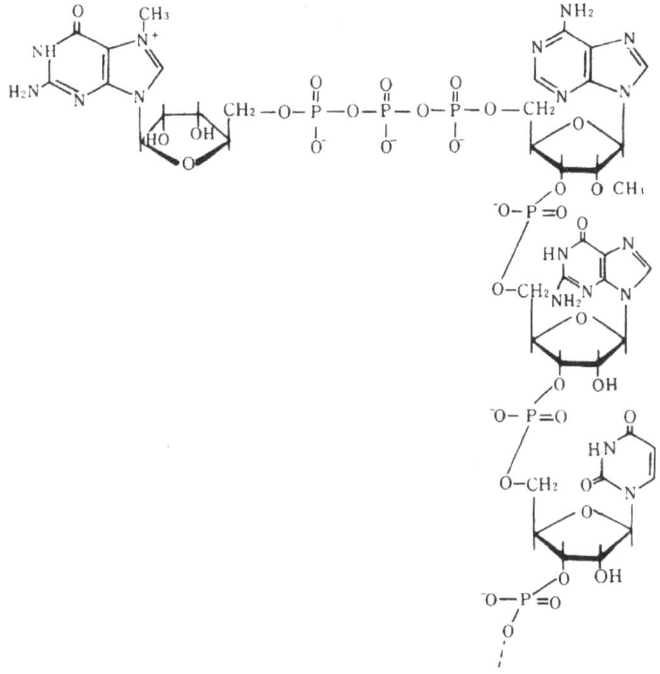

〈그림 3-7〉 진핵세포 mRNA의 5′ 말단의 캡 구조

이웃이나 그 이웃의 리보오스의 2′위의 수산기도 식물이나 식물 바이러스에서는 거의 메틸화되어 있지 않으나, 동물이나 동물 바이러스에서는 메틸화되어 있다. 캡 구조는 미국 암연구소의 페리 등에 의해서 동물 세포의 mRNA로부터, 국립 유전학 연구소(일본)의 미우라(三痛護一郎: 도쿄대학) 씨, 미국 HIH의 알레르기 및 전염병연구소의 모스, 로슈 분자생물학연구소의 샤트킨 등에 의해서 바이러스의 mRNA로부터 발견되었다. 진핵세포의 mRNA에는 왜 이와 같은 캡 구조가 붙어 있는 것일

까? 지금까지의 연구로는, 캡 구조는 단백질 합성의 장으로 리보솜과의 결합에 유용할 것으로 생각되고 있다. mRNA가 리보솜에 정확히 결합함으로써 단백질 합성이 올바른 위치에서 개시될 수 있게 된다. 또한 캡 구조를 뗀 mRNA는 세포 내에서 빨리 분해되어 버린다.

mRNA의 합성이 끝나면 그 3′ 말단에 폴리(A)라는 꼬리가 덧붙는다. 폴리(A)는 아데닐산이 150개에서 200개 연결된 구조체로서 폴리(A)폴리머라아제에 의해서 합성된다. 폴리(A)는 최종 RNA 전사 산물보다도 상류의 부분에 부가된다. RNA 전사 산물의 3′ 말단 부근의 AAUAAA 배열로부터 20염기 하류 쪽에서 핵산 분해효소의 엔도뉴클레아제에 의해서 절단되어, 그 3′ 말단부에 폴리(A)가 덧붙는다. 폴리(A)는 mRNA가 단백질 합성에 사용된 후에도 절단되지 않고 남아 있다. 그러나 폴리(A)는 단백질 합성에 필요한 것이 아니고 mRNA의 안정성과 관계하고 있는 것으로 보인다. 예컨대, 폴리(A)의 꼬리를 지니지 않는 mRNA는 세포질 내에서 수 분 내에 신속히 분해되어 버리지만 폴리(A)의 꼬리가 붙어 있으면 분해되지 않고 수일간 안정하게 존재할 수 있다. 진핵생물의 핵 중에서 DNA와 결합하여 존재하고 있는 단백질인 히스톤(Histone)의 mRNA, 겹가닥 RNA 바이러스의 mRNA, 식물 바이러스의 mRNA 등은 폴리(A)의 꼬리를 갖고 있지 않다. 그러므로 세포질 속에서는 매우 신속히 분해되어 버리는 것이다.

RNA는 스플라이싱이 된다

핵 속에서 합성되는 mRNA의 길이는 보통 5,000뉴클레오티드 정도이다. 그러나 세포질에 존재하는 mRNA는 1,000뉴클레오티드 정도밖에 없다. 이 사실은 긴 mRNA가 핵 내에서 절단되어 짧게 된 것을 의미한다.

1977년 MIT의 샤프(Sharp) 등과 콜드 스프링 하버(Cold Spring Harbor) 연구소의 두 그룹에 의해서, 유전자 중에는 의미가 없는 배열이 끼어들어 있다는 것이 밝혀졌다. 그 후 전구체 mRNA가 핵 속에서 몇 개의 부분으로 절단되고 그 말단이 서로 연결되어 성숙한 mRNA가 된다는 것을 알게 되었다. 이렇게 절단된 다음 다시 연결되는 과정을 '스플라이싱'이라고 한다. 즉, 진핵세포에서는 단백질로 번역되지 않는 부분을 제거하고 단백질로 번역되는 부분만을 연결한 mRNA를 만드는 데 스플라이싱이 필요한 것이다. 전술한 캡 구조와 폴리(A)의 꼬리는 스플라이싱에 의해서 제거되지 않는다.

엑손과 인트론

하버드대학의 길버트(Gilbert)는 성숙한 mRNA로 전사되고 다시 단백질로 번역되는 유전자의 영역을 '엑손(Exon)', 스플라이싱 때에 전구체 RNA로부터 제거되어 단백질로 번역되지 않는 유전자 영역을 '인트론(Intron)'이라고 불렀다. 인트론을 개재배열(介在配列)이라고도 한다. 즉, 진핵생물의 유전자는 인트론에 의해서 분단된 구조로 되어 있다. 인드론의 길이는 65~100,000뉴클레오티드까지 각각이며, 1개 유전자 중에 50개나 존재하는 경우도 있다. 한편 엑손부의 길이는 비교적 가지런히 맞추어져 있다. 인트론은 그 양단에 공통의 배열을 지니고 있다. 5′ 측이 GT, 3′ 측이 AG이다. 이 GT-AG 규칙에는 거의

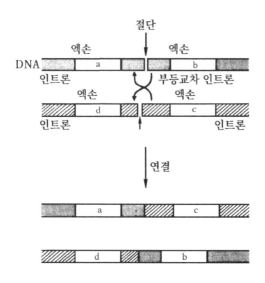

〈그림 3-8〉 엑손의 뒤섞임〔고(鄕) 씨, 1983〕

예외를 볼 수 없다.

진핵생물의 인트론의 역할이 무엇일까? 길버트는 다음과 같은 가설을 제창하고 있다. 〈그림 3-8〉에서와 같이, 인트론 사이에서 부등교차(不等交差: 서로 평등하지 않은 유전자의 부분 간의 교환)가 일어나면 엑손의 완전히 새로운 조합이 생겨난다. 한 개의 엑손이 한 가지 기능에 대응하고 있다면 인트론을 매개로 한 엑손의 '뒤섞임(Shuffling)'에 의해서 완전히 새로운 기능을 가진 단백질을 만드는 것이 가능하다. 즉, 인트론은 엑손의 풀칠 이음매로서 유전자의 창제(創製)에 기여하여 왔다는 것이다.

단백질 입체 구조의 최소 단위는 모듈

최근 나고야대학의 고(鄕通子) 씨는 단백질의 입체 구조를 해석하는 과정에서 구형(球狀) 단백질은 몇 개의 치밀한 입체 구조의 집합체로 이루어져 있다는 것을 발견하였다. 이 입체 구조의 최소 단위는 모듈이라고 명명되고 있다. 모듈은 거의 10~40개의 아미노산 잔기로 구성되어 있다. 또한 고 씨는 인트론이 단백질상에서는 모듈과 모듈의 경계에 있다는 것을 발견하였다. 이 사실은 '엑손의 단편'이 '모듈의 단편'에 잘 대응하고 있다는 것을 나타내는 것이다. 다시 말하면 '엑손의 뒤섞임'은 '모듈의 뒤섞임'이기도 한 것이다. 또한 이것은 인트론이 최초부터 존재하고 있었으며 후에 삽입된 것이 아니라는 것을 시사하고 있다. 그러므로 인트론의 기원은 오래된 것이다. 인트론은 엑손을 뒤섞이게 하는 풀칠 이음매로서 생물의 초기 진화 단계부터 중요한 기능을 지니고 있었다고 생각된다. 원시적인 인트론은 6장에서 기술한 바와 같이 자기 스플라이싱의 기구로 잘라 내었던 것이라고 상상된다. 단백질의 모듈은 단백질의 입체 구조 구축의 기본 단위이며 생물 진화의 초기 단계에서 중요한 소재(素材)였다고 생각된다.

현재의 원핵생물은 인트론을 지니고 있지 않다. 원핵생물의 조상은 인트론을 잘라 내고 엑손끼리 연결하여 커다란 유전자를 구축하여 온 것이다. 그것은 여분의 부분을 탈락시켜 능률적인 진화를 이룩하기 위해서 필요하였던 것인지도 모른다.

스플라이싱의 기교

최근의 연구에 의해서 진핵생물의 mRNA의 스플라이싱 체계가 상당히 알려지게 되었다. 스플라이싱 반응에는 1가(價)의 양(+)이온과 2가의 양이온(Mg^{++}) 그리고 ATP가 필요하다. 5′ 말단의 캡 구조는 스플라이싱에 필요한 것은 아니나 있으면 효율이 상승한다. 3′ 말단의 폴리(A)의 꼬리는 스플라이싱에 필요하지 않다. 〈그림 3-9〉에서 보는 바와 같이 우선 전구체 RNA 상류의 5′ 스플라이싱 부위가 절단된 후, 인트론의 5′ 말단의 구아닐산 잔기의 인산 부위가 인트론의 3′ 말단으로부터 30뉴클레오티드만큼 상류에 있는 아데닐산의 리보오스 부위의 2′ 수산기를 공격하여 2′-5′ 인산 디에스테르 결합을 형성하여 연결된다. 이 결합이 형성됨으로써 아데닐산 잔기는 3′-5′ 결합과 2′-5′ 결합의 두 결합수에 의해서 연결될 수 있게 되어 '올가미(투승, 投繩) 모양'의 RNA를 형성한다. 아데닐산 잔기는 올가미 모양 구조의 연결점이 되고 있다. 그것으로부터 인트론의 부분이 제거되며 두 엑손끼리 연결된다.

이들 일련의 스플라이싱의 과정은 '스플라이시오솜(Spliceosome)'이라고 불리는 집합체상에서 행해진다. 스플라이시오솜은 핵 내의 저분자 RNA와 단백질의 복합체(Small Nuclear Ribonucleoproteins, snRNPs의 머리글자를 따서 스나아프스라고 부름)로 이루어져 있으며 크기는 40~60S(200Å 정도)의 침강정수(沈降定數)를 지니고 있다. 침강정수라는 것은 용질이 단위 원심력장에서 침강하는 속도를 말하는 것으로, 10의 마이너스(-) 13제곱 초를 1 스베드베리(Svedberg) 단위라고 하며 S로 표시한다.

snRNP 중의 RNA 성분은 100~300뉴클레오티드의 길이로서 10종류 정도 포함되어 있다. 그중 6종류는 우라실 염기의 함량이 많아 U-RNA라고 불리며 U1, U2, U3, U4, U5, U6라고 명명되어 있다. 이들 RNA는 단백질 성분과 결합하여 snRNP를 형성하고 있다. U1 snRNP는 인트론의 상류의 5′

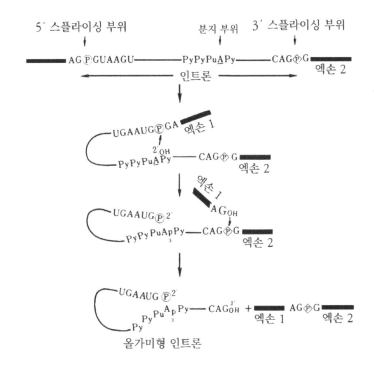

〈그림 3-9〉 진핵세포의 mRNA 전구체의 스플라이싱

스플라이싱 부위의 17뉴클레오티드 정도 길이의 배열에 결합한다(그림 3-10). U1 snRNP는 하류의 3′ 스플라이싱 부위에는 결합하지 않는다. 이들 결합의 유무는 U1 snRNP에 특이적인 항체를 사용한 실험에서 확인되었다. 예컨대, 스플라이싱을 하고 있는 곳에 그 특이적인 항체를 가하면 활성이 저해된다는 것이 알려져 있다. 그러므로 U1 snRNP가 캡 구조 부근의 뉴클레오티드 배열과 상보적으로 결합하며 5′ 측의 스플라이싱에 관여하고 있다는 것은 틀림없다. 그러나 실제의 촉매가 RNA인

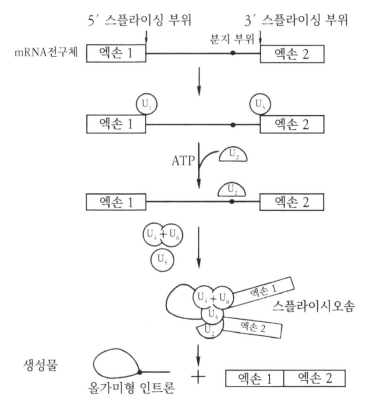

〈그림 3-10〉 스플라이시오솜의 집합과 스플라이싱

가, 단백질인가 혹은 양자 모두인가는 현재로서는 알려지지 않았다.

다른 U snRNP와 인트론의 결합도 조사되어 있다. 아직 U2 snRNP는 올가미 구조의 가지 부분 부근의 40뉴클레오티드 정도와 결합한다. 또한 U5 snRNP는 하류의 3′ 스플라이싱 부위 부근의 15뉴클레오티드와 결합한다. U4와 U6 snRNP는 양자가 하나의 snRNP 속에 공존하고 있으며 이들의 snRNP를 분

해해 버리면 스플라이싱의 반응이 약해져 버린다는 것도 알려
져 있다. U3 snRNP는 리보솜의 합성의 장의 핵소체에 존재하
고 있다. 이처럼 스플라이싱은 반응에 RNA와 단백질의 복합체
가 있어야 하는 점에서는 리보솜상에서의 단백질 합성과 매우
흡사하다. 그 전모는 아직 밝혀져 있지 않지만 가까운 장래에
반드시 해명될 것이다.

tRNA와 rRNA도 전구체로부터 가공된다

tRNA나 rRNA도 성숙한 형태로 최초부터 합성되는 것이 아
니라, RNA 폴리머라아제에 의해서 우선 커다란 전구체가 합성
되고 그로부터 서서히 절단되어 성숙한 형태로 되어 간다.

tRNA의 전구체에는 tRNA의 5′ 측과 3′ 측에 스페이서 영
역이라 불리는 길이가 일정치 않은 여분의 배열이 존재하고 있
거나, 수종의 tRNA가 연속적으로 존재하거나 한다(그림 3-11).
이들 전구체 RNA로부터 여분의 스페이서 영역이 뉴클레아제와
같은 특이적인 프로세싱 효소에 의해서 절단되어 제거되어 버
린다.

뉴클레아제 중에서도 유명한 것이 리보뉴클레아제 P라는 효
소이다. 이 효소는 tRNA 5′ 측의 여분의 배열을 잘라 내는 기
능을 지니고 있는 엔도뉴클레아제(RNA 가닥의 내측을 임의의 위
치에서 절단하는 효소)이다. 리보뉴클레아제 P는 RNA와 단백질
의 복합체로부터 성립되어 있어서 촉매활성은 RNA에 있으며,
단백질은 효율을 높이는 데 유용하다. 리보뉴클레아제 P에 관
해서는 6장의 리보자임(RNA 촉매) 부분에서 상세히 설명할 것
이다.

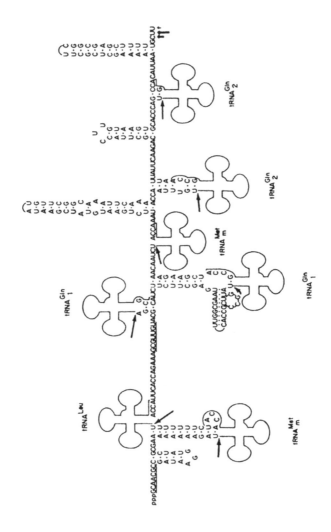

〈그림 3-11〉 대장균의 Sup B-E라고 불리는 오페론의 tRNA
전구체. 화살표는 리보뉴클레아제 P에 의한 절단
부위를 나타냄(Nakajima 등, 1981)

　　다른 또 하나의 프로세싱 효소는 리보뉴클레아제 D라고 불
리는 효소이다. 이 효소는 tRNA 3′ 측의 여분의 스페이서 부
분을 말단으로부터 1잔기씩 잘라내는 엑소뉴클레아제이다.
tRNA 3′ 말단의 CCA 배열은 대장균의 유전자에는 함유되어
있으나 진핵생물이나 파지의 유전자에는 함유되어 있지 않다.
그러므로 진핵생물에서는 3′ 말단에 CCA가 부가되어 성숙한
tRNA가 된다.

　　tRNA는 염기 부분이나 리보오스 부분이 수식된 뉴클레오티드를
많이 함유하고 있다. tRNA의 프로세싱 효소에는 핵산 염기나 리
보오스 부분을 수식하는 효소도 있다. 예컨대, tRNA에는 7-메틸
구아노신(7-Methylguanosine), 1-메틸아데노신(1-Methyladenosine)
과 2′-0-메틸구아노신 등 염기 부분이나 당 부분이 메틸화되어
수식 뉴클레오시드가 존재한다. 이들 메틸화는 메틸라아제
(Methylase)라는 효소에 작용에 의해서 행해진다.

　　rRNA의 유전자에는 16S, 23S, 5SRNA의 순으로 직렬로 병
열(竝烈)하여 있으며 이 순서대로 전사(轉寫)된다. 이처럼 3종의
rRNA가 세트로 존재하면 그 후 리보솜의 형성에 매우 편리하
다. 증식 중인 세포는 보통 1세대에 1,000만 개의 리보솜을
만든다. 사람의 게놈(Genome: 염색체 혹은 유전자 전체의 호칭)에
서는 게놈당 200개 정도의 리보솜 유전자를 지니고 있다. 또한
아프리카발톱개구리에서는 게놈당 600개 정도의 리보솜 유전자
가 있다. 이처럼 세포는 1개 게놈에 많은 리보솜 유전자를 갖고
있음으로써 rRNA의 생산을 증폭시키는 체계를 지니고 있다.

　　전사된 rRNA의 전구체에는 5′ 말단에 리더(Leader) 영역이
라는 배열과 3′ 말단에 트레일러(Trailer) 영역이라는 배열 등

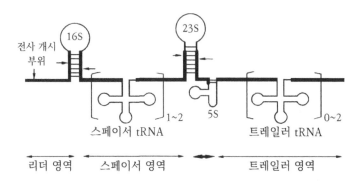

전사 개시
부위

16S

23S

1~2   5S
스페이서 tRNA

0~2
트레일러 tRNA

리더 영역 ◄──► 스페이서 영역 ◄──────► 트레일러 영역

〈그림 3-12〉 대장균의 리보솜 RNA의 오페론. 화살표는 리보뉴클레아제 Ⅲ에
의한 프로세싱의 부위를 나타냄(Ellwood 등, 1982년에서)

3종의 RNA 사이에 스페이서 영역 등 여분의 부분이 존재하고
있다. 이 리더 영역과 트레일러 영역에는 tRNA가 존재하는 경
우도 있다. 이와 같은 사실은 rRNA와 tRNA의 프로세싱이 서
로 밀접하게 관계하고 있다는 것을 의미하고 있다. rRNA의 전
구체는 뉴클레아제에 의해서 프로세싱되어 성숙한 rRNA로 변
해 간다. rRNA 전구체의 프로세싱 효소는 리보뉴클레아제 Ⅲ
이라는 효소이다. 이 효소는 RNA의 겹가닥 부분을 특이적으로
절단하는 엔도뉴클레아제이다. 전구체 중에서 16S나 23SRNA
부분은 커다란 머리핀 구조를 취하고 있으며 리보뉴클레아제
Ⅲ은 이 구조의 염기쌍을 만들고 있는 스템(Stem) 부분에 작용
하여 절단한다(그림 3-12).

tRNA나 rRNA도 인트론을 지니고 있다

진핵세포에서는 mRNA 이외의 RNA인 tRNA나 rRNA의 유
전자에서도 인트론이 발견되고 있으며, 스플라이싱에 의해서

제거된다. tRNA의 인트론은
14~60뉴클레오티드로서,
mRNA의 인트론에 비하면 짧
다. tRNA의 인트론은 안티코
돈 루프(Anticodon Loop)에
끼어 들어가 있다(그림 3-13).
이 인트론은 모든 tRNA에 있
는 것은 아니고 특정한 아미
노산에 대응하는 tRNA에만
존재한다. 예컨대 트립토판,
페닐알라닌, 티로신, 류신, 이
소류신, 세린, 리신, 프롤린의
tRNA이다.

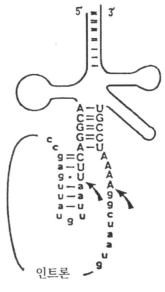

〈그림 3-13〉 tRNA의 인트론

rRNA의 인트론은 하등 진
핵생물에서 큰 크기(28S)의 rRNA에 존재하고 있다. rRNA 전
구체의 스플라이싱에 대해서는 최근 콜로라도대학의 점검에
의해서, 자기 자신이 스플라이싱하는 RNA(리보자임)가 테트라
히메나(Tetrahymena)에서 발견되었다. 그 외에 미토콘드리아
(Mitochondria)나 엽록체 등의 세포 내 소기관의 mRNA,
tRNA 및 rRNA의 유전자도 인트론을 지니고 있으며 스플라이
싱에 의해서 제거된다. 이들 스플라이싱 중에서도 RNA 자기
자신이 하는 것이 발견되고 있다. 자기 스플라이싱에 대해서는
6장의 리보자임(RNA촉매) 부분에서 상세히 설명될 것이다.

RNA는 편집된다

최근 원편모충류(原鞭毛蟲類)인 트리파노소마(Trypanosoma: 수면병 병원충)의 미토콘드리아 유전자의 전사물에서 기묘한 현상이 발견되었다. 전술한 바와 같이 유전정보의 흐름은 DNA→RNA→단백질의 센트럴 도그마에 따른다. 그러나 이 센트럴 도그마에 부합하지 않는 예로서 RNA의 편집(RNA Editing)이라는 현상이 발견된 것이다.

사람에서부터 효모에 이르기까지 모든 생물의 미토콘드리아 DNA는 시토크롬 c 옥시다아제의 서브 유닛의 유전자(CO Ⅲ)를 지니고 있다. 이 유전자는 원생동물의 원편모충류의 일종인 크리티디아(Crithidia Faciculata)나 리슈마니아(Leishmania Tarentolae)의 미토콘드리아 DNA에서도 발견되고 있다. 시애틀(Seattle) 바이오메디컬(Biomedical) 연구소의 피진 등은 이것과 유사한 유전자를 관련한 키네토플라스트(Kinetoplast) 원생동물로부터 찾아내고자 하는 과정에서, 거의 같은 CO의 성숙 mRNA가 3종의 생물 모두에 존재한다는 것을 발견하였다. 그러나 같은 동료인 트리파노소마(Trypanosoma Brucei)의 미토콘드리아 게놈에서는 CO Ⅲ의 성숙 mRNA에 대응하는 DNA 배열을 검출하지 못하였다. 유전자의 구성에서 볼 때 이웃의 유전자를 단서로 하여 게놈상의 유전자라고 생각되는 것을 끌어내었다. 그 결과 대응하는 유전자가 게놈상에 존재한다는 것을 알게 되었다. CO Ⅲ mRNA의 염기배열(731뉴클레오티드)을 결정한바 145개소에서 모두 407개의 우리딘(U)이 삽입되었고 9개소에서 도합 19개의 U가 결실되어 있었다(그림 3-14). 피진 등은 U는 'RNA의 편집'이라고 불리는 과정에서 CO Ⅲ 전사물에 덧붙여지거나 삭

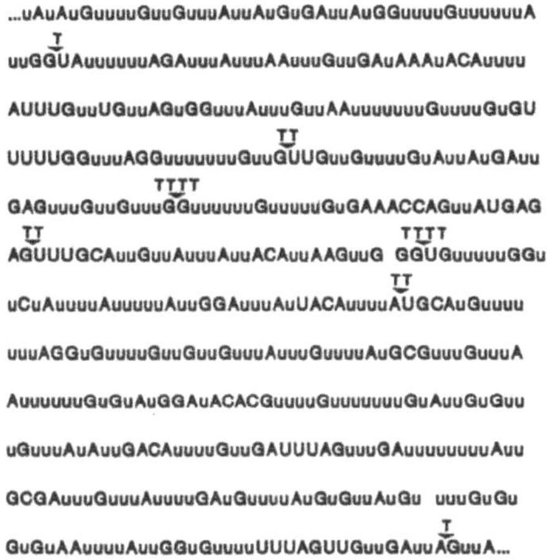

```
...uAuAuGuuuuGuuGuuuAuuAuGuGAuuAuGGuuuuGuuuuuuA
        I
uuGGUAuuuuuuAGAuuuAuuuAAuuuGuuGAuAAAuACAuuuu

AUUUGuuUGuuAGuGGuuuAuuuGuuAAuuuuuuuGuuuuGuGU
                  TT
UUUUGGuuuAGGuuuuuuuGuuGUUGuuGuuuuGuAuuAuGAuu
             TTTT
GAGuuuGuuGuuuGGuuuuuuGuuuuuGuGAAACCAGuuAUGAG
  TT                              TTTT
AGUUUGCAuuGuuAuuuAuuACAuuAAGuuG GGUGuuuuuGGu
                                TT
uCuAuuuuAuuuuAuuGGAuuuAuUACAuuuuAUGCAuGuuuu

uuuAGGuGuuuuGuuGuuuAuuuGuuuAuGCGuuuGuuuA

AuuuuuuGuGuAuGGAuACACGuuuuGuuuuuuuGuAuuGuGuu

uGuuuAuAuuGACAuuuuGuuGAUUUAGuuuGAuuuuuuuuAuu

GCGAuuuGuuuAuuuuGAuGuuuuAuGuGuuAuGu  uuuGuGu
                                            I
GuGuAAuuuuAuuGGuGuuuuUUUAGUUGuuGAuuAGuuA...
```

〈그림 3-14〉 트리파노소마의 시토크로뮴 c 옥시다아제 III의 mRNA 편집.
RNA의 편집에 의해서 우리딘이 덧붙거나(소문자 u 부분), 삭제되
거나(소문자 t 부분) 한다

제되거나 하는 것으로 생각하였다. CO III 유전정보의 무려
50% 이상은 DNA상에서가 아니고 RNA의 편집 과정에서 만들
어진 것이 된다. 그 결과 그 전사물로부터 만들어지는 CO III
의 아미노산 배열의 상동성은 다른 동료에 비해 88% 높은 것
이다.

RNA 편집의 다른 예도 알려져 있다. 예컨대, 포유류의 아포
리포(Apolipo) 단백질(혈장 리포단백질로부터 지질 부분을 제거한
단백질 부분)의 mRNA에서는 1개의 시티딘이 우리딘으로 변화
하였거나, 동물 RNA 바이러스의 일종인 파라믹소 바이러스의
전사물에서는 원래의 주형에 없는 2개의 구아노신이 덧붙어 있
거나 한 것이다. 또한 최근에 소맥 등 식물의 미토콘드리아의
시토크로뮴 c 옥시다아제의 서브 유닛 II의 mRNA에서도 많

은 곳에서 시티딘이 우리딘으로 변화되어 있다는 것을 알게 되었다.

RNA의 편집 역할은 무엇일까? 우리딘이 삽입됨으로써 개시 코돈 AUG가 만들어진다. 그 결과 코드 영역이 확장되므로 미토콘드리아의 단백질 합성을 제어하는 작용을 하게 되는 것이다. 또한 종료 코돈 UAA도 만들어진다. 더욱이 RNA의 편집에 의해서 시티딘이 우리딘으로 변하거나 하면 코돈이 변화하며 더 나아가 아미노산의 배열이 바뀐다. 폴리(A)의 꼬리 중에 우리딘이 삽입되면 mRNA의 안정성이 변화할지도 모른다.

RNA의 편집은 어떤 체계로 행해지는 것일까? 그것은 현재로서는 명확히 알 수 없으나 편집의 방향은 3′→5′로 진행하는 것으로 보인다. 그것은 3′ 측은 이미 편집되고 5′ 측은 아직 편집되어 있지 못한 RNA가 발견되기 때문이다. 편집은 전사 후 혹은 전사와 더불어 행해질 가능성이 있으나, 갖가지 편집 과정의 것이 존재한다는 것과 전사 후에 덧붙게 되는 폴리(A)의 꼬리 중에 우리딘이 존재한다는 것 등으로 미루어 전사 후에 행해질 가능성이 높다.

또한 정해진 길이의 우리딘이 정해진 위치에 삽입되는 것은 어떤 체계에 의해서 행해지는 것일까? 효소가 관여하고 있는 것일까? RNA의 연결효소인 RNA 리가아제나 우리딜 전이효소(Uridyl Transferase)도 트리파노소마 원충에 존재한다는 것이 확인되고 있다. 후자의 효소는 RNA의 3′ 말단에 우리딘을 붙이는 능력이 있다. 그러나 RNA의 편집에서는 우리딘은 5′ 말단에 덧붙여진다. 따라서 이와 같은 효소의 관여도 명확하지 못하다.

주형의 관여도 고려된다. 편집된 RNA 주형의 DNA나 마이너스(-) 가닥의 RNA(Antisense RNA)를 찾는 것도 시도되었으나 검출되지 못하였다. 주형의 존재에 대해서는 현재로서는 실마리가 없다. 또한 주형이 없어도 RNA의 스플라이싱과 같은 체계로 우리딘이 삽입될 가능성도 있다. 편집된 유전자는 G가 매우 많으며 C가 매우 적다. 이 G와 C의 불균형이 의미하는 것은 과연 무엇일까?

게놈의 유연성은 키네토플라스트를 지니는 원생동물(원충)의 증명이기도 하다. 핵의 유전자의 인트론 결여와 레트로트랜스포존(Retrotransposon: 움직이는 유전자의 일종으로 DNA로부터 우선 RNA로 전사되어, 그것이 역전사효소에 의해서 DNA로 복사되고, 그 DNA가 염색체의 새로운 부위에 끼어 들어감)의 존재는 핵의 게놈 대부분이 성숙 RNA 배열을 주형으로 한 유전자의 교환을 받았다는 것을 나타내고 있다. 만약 같은 일이 미토콘드리아에서도 일어나고 있었다면, 키네토플라스트를 지니는 원생동물은 살아 있는 RNA형 생물을 살피는 지름길인지도 모른다. 이처럼 RNA 편집의 체계나 기원에 관해서는 아직 아무것도 알지 못하고 있다. mRNA를 편집함으로써 기능을 갖는 단백질을 만들게 하는 일도 가능할 것이다. 이처럼 단백질의 배열을 RNA의 편집 수준에서 변경해 버릴 수 있다는 것은 충실한 유전정보의 흐름인 센트럴 도그마(DNA→RNA→단백질)에 대한 커다란 도전인 것이다.

4장
RNA와 단백질 합성

단백질 합성과 RNA의 역할

단백질 합성은 복잡하다

센트럴 도그마에 의하면 DNA의 유전정보는 RNA에 전사되고 다시 단백질로 번역된다. 단백질로의 번역 과정은 복잡하며 많은 생체 분자가 관여하고 있다. 그중에서도 전령 RNA(mRNA), 전이 RNA(tRNA), 리보솜 RNA(rRNA)는 그 중심적 역할을 행하고 있다.

앞 장에 기술한 바와 같이, RNA는 DNA의 전사물로서 DNA와 서로 보완하는 염기배열을 지니며 세포의 핵 내에서 합성된다. mRNA는 DNA에 의해서 결정된 단백질의 아미노산 배열을 코드(암호지령)화하고 있으며 핵 밖으로 나와 세포질 속에 존재하는 리보솜에 운반된다. mRNA는 리보솜상에서 주형으로서 작용하며 특정한 아미노산 배열을 하는 단백질 합성에 관여한다. 따라서 mRNA의 크기는 대응하는 단백질의 크기에 의존한다. 예컨대, 100개의 아미노산으로 이루어지는 단백질을 합성하는 경우 1개의 아미노산은 뉴클레오티드의 3문자 배열(Triplet)에 의해서 코드화되어 있으므로 적어도 300개의 뉴클레오티드가 필요하게 된다. 실제로 mRNA는 리더라는 선도(先導) 부분과 꼬리 부분을 지니며, 더욱이 번역되지 않는 스페이서 영역을 포함하는 경우도 있으므로 코드화하는 단백질에 필요한 뉴클레오티드 수보다 어느 정도 커지는 것이다.

tRNA는 73~93개의 뉴클레오티드가 연결된 저분자량의 RNA로서 각 tRNA에 대응하는 특정한 아미노산이 3′ 말단부에 결합해 있다. 보통 1종류의 아미노산에 대응하는 tRNA는

여러 개 존재한다. 지금까지 200종 이상의 tRNA 존재가 밝혀
져 있으나, 다른 RNA와는 달리 분자 중 염기의 대부분은 수
식되어 있다. 단백질 합성 때 tRNA는 리보솜상에 있는
mRNA의 지정하는 순서로 아미노산을 운반하여 온다. tRNA
는 mRNA의 트리플렛(코돈)을 인식하여 서로 상보적인 배열을
하는 부위(안티코돈)로 규칙적으로 결합한다. 이 일련의 과정으
로부터 mRNA의 정보가 아미노산 배열로 번역되는 것이다.

　rRNA는 3종류 존재하며 약 70종류의 단백질과 결합하여 단
백질 합성 공장인 리보솜을 구성하고 있다. 리보솜은 지름 약
200Å의 복잡한 입자로서 rRNA와 단백질의 집합체이다.
rRNA는 가장 많은 양으로 존재하는 RNA로서 대장균에서는
80%를 점유하고 있다. 이하에서 mRNA, tRNA, rRNA의 구조
와 기능을 상세히 살펴보기로 한다.

mRNA

mRNA는 단백질 합성의 정보를 지니고 있다

　mRNA는 DNA의 유전정보가 전사된 외가닥 RNA이다. 그 생
합성은 원핵세포와 진핵세포에서 서로 다르다. 앞 장에서 기술한
바와 같이, 원핵세포에서는 RNA 폴리머라아제에 의해서 DNA로
부터 오페론(Operon: 하나의 리프레서와 오퍼레이터에 의해서 동조적
으로 조절을 받는 몇 개의 유전자군) 단위로 전사, 합성되어 그대로
mRNA가 된다. 5′ 말단은 pppA 또는 pppG이다. 단백질 합성
의 개시 코돈 AUG로부터 약 10뉴클레오티드 상류에 3~9 뉴클

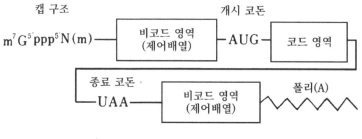

〈그림 4-1〉 진핵세포의 mRNA 구조

레오티드의 길이의 샤인-달가노 배열(Shine-Dalgarno Sequence)
이라는 16SrRNA와 서로 상보적인 염기쌍을 만드는 부위가 있
으며, 단백질 합성을 AUG 코돈으로부터 개시하는 데 유용한 것
이다.

원핵세포의 mRNA에서는 하나의 mRNA에 몇 개의 단백질
을 코드화하는 영역이 있으며 그것이 각각 별개로 번역된다.
즉, 하나의 mRNA에 여러 개의 개시 코돈과 종료 코돈이 존재
하고 있기 때문에 한 가닥의 mRNA로부터 여러 단백질이 합
성된다.

한편, 진핵세포의 mRNA에서는 한 개의 mRNA로부터 1종
류의 단백질밖에 합성되지 않는다. 진핵세포의 mRNA 구조는
원핵세포의 그것에 비해 복잡하다. 앞 장에서 설명한 바와 같
이 mRNA는 핵 내에서 RNA 폴리머라아제 II의 작동에 의해
서 DNA로부터 전사된 후, 양 말단이 수식되어 5′ 말단에 캡
구조, 3′말단에 폴리(A)의 꼬리를 갖는 전구체가 된다. 더욱이,
스플라이싱의 과정에서 단백질로 번역되지 않는 배열인 인트론
이 절단 제거되고, 단백질로 번역되는 배열인 엑손 부분이 연
결되는 것이다. 그 후 성숙한 mRNA는 핵으로부터 단백질 합

성이 이루어지는 세포질에 옮겨 간다. 〈그림 4-1〉에서 보는 바와 같이, 성숙한 mRNA는 5′ 말단으로부터 캡 구조, 비코드 영역의 선도배열, 개시 코돈 AUG, 단백질로 번역되는 부분인 코드 영역, 종료 코돈(UAA, UAG, UGA), 폴리(A)시그널을 포함하는 비코드 영역, 200 뉴클레오티드 정도의 폴리(A)의 꼬리 순으로 배열되어 있다.

　mRNA의 세포 내에서의 수명은 비교적 짧으며, 원핵세포에서는 수 분에서 10분, 진핵세포에서는 수 시간에서 수일이다.

유전암호의 발견

　RNA의 정보가 단백질로 번역될 때 mRNA는 어떻게 하여 아미노산을 정확히 배열시킬 수 있는 것일까? DNA 또는 그것으로부터 전사된 뉴클레오티드의 배열과 단백질의 아미노산 배열의 대응 관계를 유전코드라고 부른다. 4종류의 염기를 사용하여 3개 염기의 배열을 만들면 그 배열은 64종이 만들어진다. 아미노산은 20종류이다. 64종의 트리플렛과 20종류의 아미노산은 어떻게 대응하고 있는 것일까?

　1961년까지는 mRNA의 염기배열이 알려지지 못하고 있었으므로 그 대응 관계는 불분명하였다. 그러나 1961년 미국의 생화학자 니런버그(Nirenberg)에 의해서 UUU는 페닐알라닌(Phenylalanine)의 코드라는 것이 처음으로 밝혀졌다. 그 후 니런버그, 오초아(Ochoa), 코라나(Khorana) 등의 정력적인 연구에 의해서 유전암호(Genetic Code)가 계속 밝혀졌으며 1966년까지는 완전한 유전암호표가 완성되었다(표 4-1). 이 업적에 의해서 니런버그는 코라나, 홀리(Holley)와 더불어 1968년도 노

〈표 4-1〉 유전암호표

제2위

		U	C	A	G	
제 1 위	U	UUU Phe(F) UUC UUA Leu(L) UUG	UCU UCC Ser(S) UCA UCG	UAU Tyr(Y) UAC UAA 종지 UAG 종지	UGU Cys(C) UGC UGA 종지 UGG Trp(W)	U C A G
	C	CUU CUC Leu(L) CUA CUG	CCU CCC Pro(P) CCA CCG	CAU His(H) CAC CAA Gln(Q) CAG	CGU CGC Arg(R) CGA CGG	U C A G
	A	AUU AUC Ile(I) AUA AUG Met(M)	ACU ACC Thr(T) ACA ACG	AAU Asn(N) AAC AAA Lys(K) AAG	AGU Ser(S) AGC AGA Arg(R) AGG	U C A G
	G	GUU GUC Val(V) GUA GUG	GCU GCC Ala(A) GCA GCG	GAU Asp(D) GAC GAA Glu(E) GAG	GGU GGC Gly(G) GGA GGG	U C A G

제3위

벨 생리의학상을 받았다. 그 후 유전암호표는 하등 생물인 세균으로부터 고등 생물인 사람에 이르기까지 공통이라는 것이 확인되었다.

트리플렛(3문자 단어)으로 이루어지는 유전암호의 단위를 코돈이라고 한다. 64개의 코돈 중 61개가 특정의 아미노산에 각각 대응하고 있다. 나머지 3개의 코돈은 종료 코돈이라고 하여 폴리펩티드 합성의 종료를 지정한다. 61개의 코돈이 20종류의 아미노산에 대응하고 있음으로써 확실히 1대 1의 관계가 아니고 코돈 측이 많이 대응하고 있다. 이것을 유전코드가 축중(縮重) 또는 축퇴(縮退)되어 있다고 한다. 즉, 대부분 아미노산은 2종에서 4종의 코돈으로 규정되어 있다. 예외로서 메티오닌과 트립토판은 1종의 코돈밖에 없다. 특히 메티오닌의 코돈은 개시 코돈에 대응하고 있다. 또한 류신, 세린, 아르기닌도 예외로서 6종류의 코돈에 대응하고 있다.

세균의 폴리펩티드 합성은 포르밀메티오닌(Formylmethionine)으로부터 시작한다. 포르밀메티오닌에는 특이적인 tRNA가 있으며 이것이 메티오닌의 코돈 AUG를 인식한다. 이처럼 AUG의 코돈은 내부 메티오닌과 포르밀메티오닌의 양자에 의해서 공유되고 있다.

유전암호의 보편성은 1979년 바렐이 소나 사람의 미토콘드리아에서는 종료 코돈의 UGA가 트립토판의 코드로 되어 있다는 것을 발견하기까지 널리 받아들여졌다.

tRNA

tRNA의 구조 결정

지금까지 많은 tRNA가 순수한 형태로 분리되고 있다. 1965년 홀리 등에 의해서 효모의 알라닌의 tRNA 염기배열이 처음으로 결정되었다. 그것은 7년간의 노력의 결과였다. 이것은 천연의 핵산 구조를 결정한 최초의 예이며, 그것에 의해서 홀리는 니런버그, 코라나와 더불어 1968년도 노벨 생리의학상을 받은 것에 대해서는 이미 말한 바 있다. 홀리의 tRNA 구조 결정에는, 나의 스승인 에가미 후지오(江上不二夫) 박사가 타카디아스타아제(Takadiastase) 분말로부터 발견한 구아닌 염기를 특이적으로 인식하여 절단하는 리보뉴클레아제 T_1이 위력을 발휘한 것이다. 당시 에가미 선생도 tRNA의 구조 결정이라는 노벨상 경쟁에 참가하고자 하였더라면 가능한 위치에 서 있었다. 그러나 감히 그렇게 하지 않았다. 그는 후에 그 이유를 "대학은 교육이 주이며 연구가 주가 아니다. 그러므로 학생을 희생하면서까지 노벨상 경쟁에 참가할 일이 아니라고 나는 생각하였다"고 말하였다. 이것은 에가미 선생의 교육자로서의 면모를 생생하게 드러내는 말이다.

tRNA의 클로버잎 구조

홀리에 의해서 최초로 구조가 결정된 알라닌 tRNA는 67뉴클레오티드로 이루어져 있으며 그중 10 뉴클레오티드의 염기는 그 구조가 변화를 받고 있다. 이 구조 변화를 '수식'이라고 한다. 이처럼 tRNA에는 수식 염기가 많이 함유된 것이 특징이다. 그 2차 구조는 〈그림 4-2〉에서와 같다. 그 2차 구조는 클로버잎과 흡사하므로 클로버잎 구조라고도 한다. 클로버잎 구조는 4개의 커다란 팔(Arm)과 하나의 작은 팔을 지니고 있다. 커다란 팔은 염기쌍을 만들고 있는 스템이라는 부분과 염기쌍을 만들고 있지 않은 루프라는 부분으로 이루어져 있다. 작은 팔은 크기가 갖가지이며 엑스트라 팔(Extra Arm) 또는 가변 팔이라고 불리고 있다.

아미노산 팔의 말단에는 아미노산을 운반하기 위한 CCA라는 공통 배열이 존재하고 있다. 그 가장 말단의 아데닐산 잔기의 2′ 또는 3′ 수산기에 아미노산을 연결해 운반하는 것이다.

안티코돈 팔(Anticodon Arm)에는 안티코돈이 존재하고 있다. 안티코돈은 3개의 뉴클레오티드 조(Triplet)로서 mRNA의 코돈

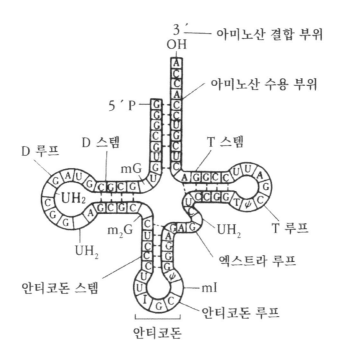

<그림 4-2> 효모 알라닌의 tRNA의 클로버잎형 2차 구조. I(이노
신), m I(메틸이노신), UH₂(디히드로우리딘), T(리보티미딘),
Ψ(슈도우리딘), mG(메틸구아노신), m₂G(디메틸구아노신)

의 트리플렛과 역평행(逆平行)의 형상으로 왓슨-크릭형의 염기쌍
을 만들 수 있다. 각각의 tRNA는 특이적인 안티코돈을 가지고
있다. 그리하여 단일의 tRNA는 복수의 코돈을 인식한다. 예컨
대, 효모 알라닌의 tRNA는 3개의 코돈(GCU, GCC, GCA)과 결
합한다. 이 코돈의 배열을 잘 보면 첫 번째와 두 번째는 공통
이며 세 번째만이 다르다는 것을 알 수 있다. 이 사실은 세 번
째 염기의 인식이 다른 것보다도 더욱 후하다는 것을 의미한
다. 효모 알라닌의 tRNA의 안티코돈은 IGC이므로 I는 3종의

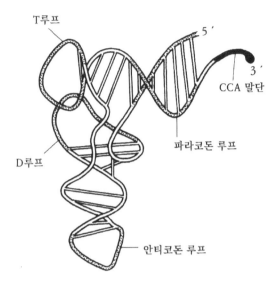

T루프

5´

3´

CCA 말단

파라코돈 루프

D루프

안티코돈 루프

〈그림 4-3〉 효모 알라닌 tRNA의 L자형 3차 구조

염기(U, C, A)와 각각 쌍을 만들 수 있는 것으로 보인다. 이와 같은 I-U, I-C, I-A의 염기쌍은 와블(요동) 염기쌍이라고 한다. 즉, 유전암호가 하나의 아미노산(혹은 하나의 tRNA)에 대해서 몇 개나 있는(축중하고 있는) 것의 한 가지 원인은 이 요동(비틀거림)의 염기쌍 형성에 있는 것이다.

효모의 페닐알라닌 tRNA는 결절화되어 X선 결정해석(X線 結晶解折)이 이루어져 있다. 〈그림 4-3〉에서 보는 바와 같이 그 입체 구조는 뒤틀어진 L자형을 하고 있다. 앞선 tRNA의 4개 팔 중에서 나머지 2개의 팔에는 보통의 RNA에서는 볼 수 없는 수식 뉴클레오시드가 함유되어 있다. 즉, D 팔에는 디히드로우리딘이, TΨC 팔에는 리보티미딘과 슈도우리딘이 함유되어 있다. tRNA의 입체 구조 중에서는 D 팔과 TΨC 팔의 일부

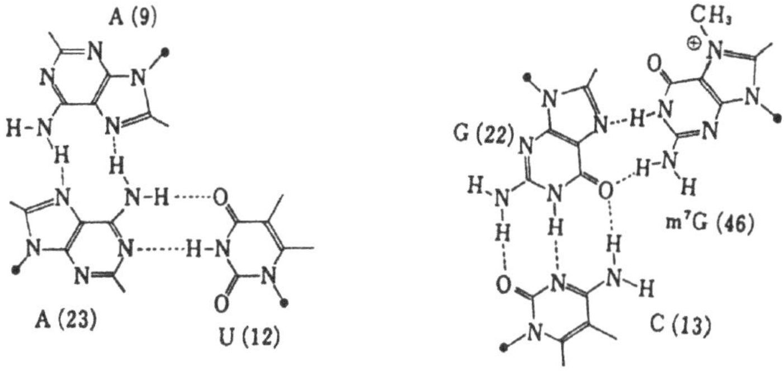

〈그림 4-4〉 효모 페닐알라닌 tRNA 중의 3염기쌍. A: 아데닌, U: 우라실, m⁷G: 7-메틸구아닌, C: 사이토신, 괄호 안의 수치는 tRNA의 5′ 말단으로부터의 뉴클레오티드 위치를 나타내고 있음(Rich 등, 1976)

뉴클레오티드는 서로 염기쌍을 형성하고 L자형 구조를 취하는 데 유용하다. tRNA의 입체 구조 유지에는 보통의 2염기쌍 (A/U, G/C, G/U) 이외에 〈그림 4-4〉에서 보는 바와 같은 3염기쌍도 관여하고 있다. 지금까지는 다른 몇 가지 tRNA의 X선 결정해석이 행해지고 있으나 기본적으로는 모두 L자형의 입체 구조를 취하고 있다는 것을 알게 되었다.

tRNA는 아미노산을 운반한다

아미노산은 어떻게 하여 tRNA의 3′ 말단에 결합하는 것일까? 아미노산은 아미노아실-tRNA 신시타아제(Aminoacyl-tRNA Synthetase)라는 활성화효소의 작용에 의해서 tRNA에 결합할 수 있다. 아미노아실-tRNA 신시타아제는 아미노산 및 tRNA에 특이적이다. 그러므로 20종의 아미노산에는 대응하는 20종의 아미노아실-tRNA 신시타아제와 tRNA가 필요한 것이다. tRNA 의 경우에는 1종류의 아미노산에 대해서 여러 가지 존재하고 있다. 이것은 아미노산을 지정하는 코돈이 여러 개 있다는 것 과 관계한다. 즉, 각각의 코돈에 대응하는 tRNA가 존재하고 있기 때문이다.

아미노아실-tRNA 신시타아제는 2단계의 반응에 촉매가 된 다. 즉, 제1단계는 아미노산과 아데노신 5′-3인산(ATP)으로부 터 활성화된 중간체의 아미노아실 아데닐산을 만드는 반응으로 아미노산의 카르복실기가 아데닐산과 고에너지 결합으로 연결 된다. 이 아미노아실 아데닐산은 효소의 활성중심으로서 효소 와의 복합체 형태로 형성된다. 제2단계는 이 활성적인 복합체 와 tRNA가 반응하여 아미노산 부위가 tRNA에 이동하여 아미 노아실-tRNA가 형성되는 반응이다. 아미노산은 tRNA의 3′ 말 단의 아데닐산 잔기의 2′ 혹은 3′ 수산기와 에스테르 결합으로 결합한다.

제1단계(활성화):

    아미노산 + ATP

      ⇆ 아미노아실 아데닐산 + 피로인산

제2단계(전이):

    아미노아실 아데닐산 + tRNA

      ⇆ 아미노아실-tRNA ÷ 아데닐산

두 단계를 합치면:

    아미노산 + ATP + tRNA

      ⇆ 아미노아실-tRNA + 아데닐산 + 피로인산

아미노아실-tRNA 신시타아제는 아미노산과 tRNA의 양자를 인식하여 틀리지 않고 결합해야만 한다. 만약 잘못된 아미노산이 tRNA에 결합하면 올바르지 못한 아미노산이 단백질 중에 취입되게 되는 것이다. 아미노아실-tRNA 신시타아제는 틀린 것을 교정하는 능력을 지니고 있다. 예컨대, 아미노산인 발린과 이소류신은 측쇄(側鎖)의 구조가 서로 매우 흡사하므로 틀릴 가능성이 높다. 그러나 만약 이소류신-tRNA 신시타아제 중에 발린이 취입되어 잘못됨으로써 발린 아데닐산이 형성되면, 이 효소는 발린 아데닐산을 가수분해하여 제거한 후 올바른 이소류신 아데닐산을 만든다. 발린이 이소류신 대신 잘못 취입되는 확률은 이 교정 기구가 있기 때문에 보통 4,000분의 1 이하이다.

rRNA

rRNA는 거대한 집합체

단백질 합성의 장인 리보솜은 RNA와 단백질로 구성된 복잡한 집합체이다. 원핵생물, 예컨대 대장균의 리보솜은 분자량이 약 250만으로 침강정수는 70S이다. 70S의 리보솜은 50S(분자량 160만)의 커다란 서브 유닛과 30S의 작은 서브 유닛으로 구성되어 있다. 또한 50S의 서브 유닛은 23S(약 3,200뉴클레오티드)와 5S(약 120뉴클레오티드)의 2종 rRNA와 34종 단백질로 이루어져 있으며 30S의 서브 유닛은 16S(약 1600 뉴클레오티드)의 1종 rRNA와 21종 단백질로 이루어져 있다. 리보솜 중량의 2/3가 RNA로서 나머지의 1/3은 단백질이다.

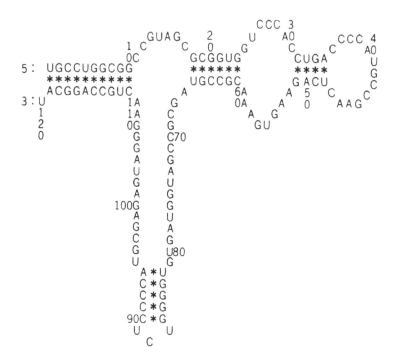

〈그림 4-5〉 대장균 5S rRNA의 2차 구조(Hori, Osawa 등, 1984)

진핵세포의 리보솜은 원핵세포의 것보다 크며 그 침강정수는 80S이다. 이 리보솜은 60S의 커다란 서브 유닛과 40S의 작은 서브 유닛으로 구성되어 있다. 커다란 서브 유닛은 23S, 7S, 5S의 3종 rRNA, 작은 서브 유닛은 18S의 1종 rRNA를 함유하고 있다. 진핵세포의 리보솜은 전부 70종 정도의 단백질을 함유하고 있다.

대장균의 3종 rRNA의 염기배열은 이미 결정되어 있으며 〈그림 4-5〉~〈그림 4-7〉에서 보는 바와 같이 각각 특이적이며 복잡한 2차 구조를 지니고 있다. 대부분은 염기쌍을 형성하고

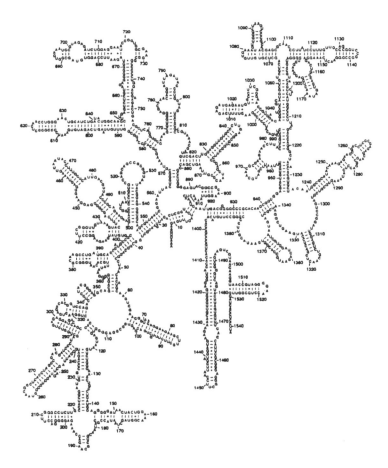

〈그림 4-6〉 대장균 16S rRNA의 2차 구조(Stern 등, 1989)

있는 스템과 염기쌍을 형성하고 있지 않은 루프로 형성되어 있다. 대장균 이외 생물의 rRNA 염기배열도 조사되어 있으며 그 기본적인 2차 구조는 매우 흡사하다. rRNA의 2차 구조체는 단백질과 상호작용하여 접혀서 각각 특이적인 3차 구조를 형성한다. 다시 이 3차 구조체가 집합하여 4차 구조를 형성함으로

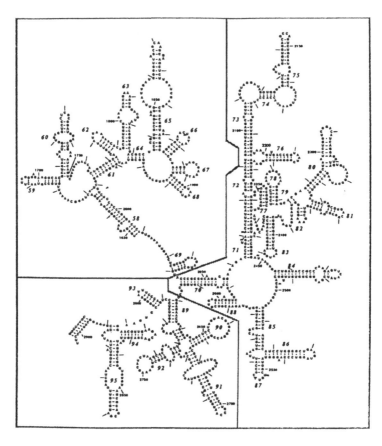

〈그림 4-7〉 대장균 23SrRNA의 2차 구조(Gutell 등, 1988)

써 처음으로 단백질 합성의 장으로서 완전한 리보솜이 만들어
지는 것이다. X선 회절과 전자현미경 관찰에 의한 리보솜의 입
체 구조가 제출되고 있으나 rRNA의 상세한 입체 구조는 아직
알려지지 않았다.

단백질 합성의 기교

단백질 합성은 다단계

지금까지는 단백질 합성에 관여하는 부품의 구조나 기능에 관해서 살펴 왔는데, 이곳에서는 이들 부품이 조합되어 어떻게 단백질을 합성하는가에 대한 체계를 살펴보기로 한다.

단백질 합성에는 크게 나누어 5단계가 있다. 즉 (1) 아미노산의 활성화, (2) 폴리펩티드 쇄의 합성 개시, (3) 폴리펩티드 쇄의 신장, (4) 폴리펩티드 쇄의 합성 종결과 이탈, (5) 폴리펩티드 쇄의 접힘과 프로세싱이 그것들이다.

단백질 합성의 개시

단백질 합성 제1단계인 아미노산 활성화는 tRNA 3′ 말단의 아데닐산에 아미노산이 결합하는 반응이다. 이 반응은 아미노아실-tRNA 신시타아제의 촉매작용 때문에 행해진다. 그 상세한 것은 tRNA 부분에서 기술하였으므로 생략한다.

다음 단계인 단백질 합성 개시는 30S 크기 개시 복합체의 형성 때문에 시작된다. 이 개시 복합체의 형성에는 리보솜의 작은 쪽 서브 유닛의 30S 리보솜, mRNA, 포르밀 메티오닐-tRNA, 3종의 개시 인자(IF1, IF2, IF3), 구아노신 5′-3인산(GTP)이 관여한다(그림 4-8). 우선 3종의 개시 인자가 30S 서브 유닛에 GTP의 도움을 받아 결합하여 집합체를 형성한다. 개시 인자 중에서도 IF3는 30S 서브 유닛의 형상을 변화시켜 50S 서브 유닛과 결합하는 것을 방해하는 역할을 하고 있다. 다음으로 이 집합체에 포르밀메티오닐-tRNA와 mRNA가 결합

128

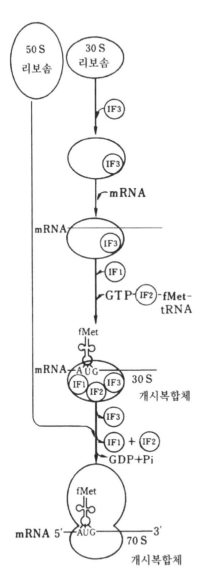

<그림 4-8〉 단백질 합성의 개시 단계

하여 30S의 개시 복합체가 형성된다. 그 후 IF3이 이탈되어 50S 서브 유닛이 부가되며 다른 두 가지 개시 인자도 이탈됨으로써 70S의 커다란 개시 복합체가 형성된다. 이것으로 단백질 합성의 개시 준비가 정리된 것이다.

리보솜은 개시의 포르밀메티오닌과 내부의 메티오닌, 두 가지의 같은 코돈 AUG를 어떻게 구별하고 있는 것일까? 개시 코돈의 상류에는 AGGA나 GAGG와 같은 푸린에 풍부한 배열이 있으며 이것이 16S rRNA의 3′ 말단의 피리미딘에 풍부한 배열(GAU CACCUCCUUA)과 염기쌍을 형성하고 있다. 이것에 의해서 개시 코돈 AUG는 포르밀메티오닐-tRNA와 결합할 수 있는 입체배치에 온다. 내부에 있는

AUG 코돈의 경우에는 그와 같은 입체배치를 취하지 않으므로 개시 코돈과 구별된다.

70S의 개시 복합체에는 tRNA가 들어갈 수 있는 구멍이 2개 있다. 즉, P 부위(Site)와 A 부위이다. 어느 부위에나 어떤 아미노아실-tRNA도 들어갈 수 있지만, mRNA가 변하게 되면 특정 아미노아실-tRNA밖에 들어갈 수 없게 된다. 우선 포르밀메티오닐-tRNA가 P 부위에 들어간다. 이때 리보솜상에 결합한 mRNA의 개시 코돈(AUG)은 포르밀메티오닐-tRNA의 안티코돈 (CAU)과 염기쌍을 형성하고 있다. 이처럼 포르밀메티오닐-tRNA와 mRNA가 상호작용하여 mRNA의 판독 틀(Reading Frame)이 결정된다. 이 상태에서 아직 A 부위는 비어 있다.

펩티드 쇄의 신장 반응

펩티드 쇄의 신장은 〈그림 4-9〉에서와 같이 진행한다. 즉, 신장의 개시는 리보솜상의 비어 있는 A 부위에 아미노아실-tRNA가 들어감으로써 시작된다. A 부위에 어떤 아미노아실-tRNA가 들어가는지는 A 부위상 mRNA의 3문자 배열의 코돈에 의해서 결정된다. 이 결합에는 신장 인자(EFTu)와 GTP의 복합체가 필요하다. 즉, 결합에 GTP가 가수분해될 때 나오는 에너지를 이용하고 있다. GTP가 가수분해되면 EFTu와 GTP의 복합체는 또 나른 하나의 신장 인지의 EFTu와 GTP로부터 만들어진다. 이것으로 P 부위에 포르밀메티오닐-tRNA가, A 부위에 아미노아실-tRNA가 각각 들어간 상태가 된다. 이 상태에서 50S 서브 유닛 중의 펩티딜 트랜스페라아제(Peptidyl Transferase)의 촉매작용으로, P 부위의 포르밀메티오닐-tRNA의 포르밀메티오닌 부분

130

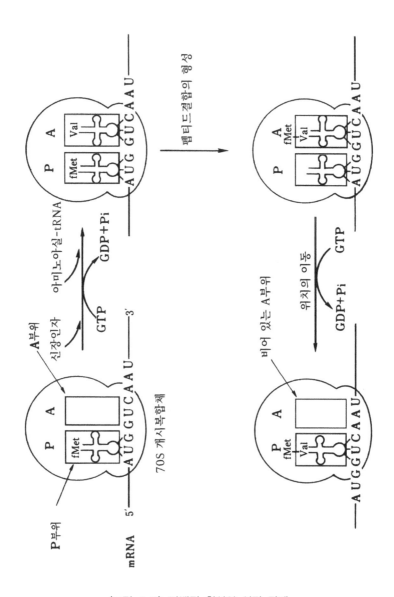

〈그림 4-9〉 단백질 합성의 신장 단계

이 A 부위의 아미노아실-tRNA에 전이하여 디펩티딜-tRNA를 생성한다.

다음으로 아미노산이 떨어져 나가 비어 있는 tRNA가 P 부위에서 이탈하고, 디펩티딜-tRNA가 A 부위에서 P 부위로 이동한다. 동시에 mRNA도 코돈 1개분만큼 움직여 새로이 들어오는 아미노아실-tRNA의 위치까지 이동한다. 이때의 이동에는 제3의 신장 인자(EFG)와 GTP의 고에너지가 필요하다. EFG는 트랜스로가아제라고 불리는 경우도 있다. 이동하여 비어 있는 A 부위에 다음의 아미노아실-tRNA가 들어가, P 부위의 디펩티딜-tRNA의 디펩티드 부분과 연결하여 트리펩티딜-tRNA가 생성된다. 이처럼 사이클을 반복하여 펩티드 쇄는 신장하여 간다.

단백질 합성에서 mRNA는 5′로부터 3′ 방향으로 판독(判讀)된다. 합성되는 폴리펩티드는 N 말단으로부터 C 말단의 방향으로 신장하여 간다. 또한 단백질 합성에 있어 GTP가 여러 과정에 중요한 역할을 하는 것이 특징이다. GTP의 고에너지는 개시 인자의 IF2 또는 신장 인자의 EFTu나 EFG가 리보솜의 표면에 비공유결합으로 결합하는 데 유용한 것이다.

펩티드 쇄의 신장 정지

펩티드 쇄의 신장은 어떤 체계로 정지되는 것일까? 단백질 합성의 종료 신호는 mRNA상 3종의 코돈(UAA, UGA, UAG)이다. 이들 종료 신호에 대응하는 안티코돈을 갖는 tRNA는 존재하지 않는다. 그 대신, 종료 신호를 인식하는 해방 인자(RF)라는 단백질이 존재한다. RF1은 UAA와 UAG를, RF2는 UAA와 UGA를 인식한다. RF가 A 부위의 종료 코돈에 결합하면 펩티딜트랜스페라아제가 활성화되어 P 부위에 들어 있는 폴리펩티딜-tRNA의 폴리펩티드와 tRNA 간의 결합이 절단된다. 펩티딜트랜스페라아제에 RF가 결합하면 펩티드 결합을 만드는 방향이 아니고 분해하는 방향으로 그 활성의 특이성이 변화한다. 이렇게 하여 폴리펩티드는 리보솜으로부터 유리된다. 70S 리보솜도 또한 50S와 30S의 서브 유닛으로 해리(解離)하여 다음의 단백질 합성에 이용된다.

폴리펩티드는 합성 후에 가공된다

신장 과정의 폴리펩티드 쇄는 무작위적(Random)이 아니고 순차적으로 접혀 합성이 끝날 때는 명확한 입체 구조를 취하게 된다. 그러나 합성된 것만으로는 명확한 입체 구조를 취하지 못하므로 기능을 갖지 못하는 단백질도 있다. 폴리펩티드가 기능을 갖는 단백질로 변신하기 위해서는 합성 후 갖가지로 수식되어 화장되어야 한다. 이것을 단백질의 '프로세싱'이라고 한다. 예컨대, 합성된 폴리펩티드의 N 말단에 붙어 있는 포르밀기나 포르밀메티오닌 잔기는 어떤 경우에는 제거되어 최종적인 폴리펩티드 쇄에는 붙어 있지 않을 수도 있다. 또한 N 말단의 아미노기가 아세틸화되거나, C 말단의 카르복실기가 수식을 받는 경우도 있다. 단백질 중의 세린, 트레오닌, 티로신 잔기의 수산기는 인산화되는 경우가 있으며, 인산화에 의해서 효소가 활성화된다. 단백질 중의 글루타민산이나 아스파라긴산은 더욱 여분의 카르복실기가 부가되거나 리신 잔기의 아미노기가 메틸화되는 경우가 있다. 더욱이 당이나 지질의 쇄가 부가된 단백질도 합성된다.

　많은 단백질은 분자 내 혹은 분자 간에 가교 구조(架橋構造)의 디술파이드 결합(S-S 결합)을 지니고 있다. 이와 같은 디술파이드 결합은 폴리펩티드 쇄가 접힌 후 2개의 시스테인(Cysteine) 잔기가 산화되어 형성된다. 디술파이드 결합의 가교 구조는 폴리펩티드 쇄가 규칙적인 입체 구조를 취하는 데 유용할 뿐만 아니라, 동시에 폴리펩티드 쇄를 변성으로부터 보호하는 데에도 유용하다.

　새로이 합성된 단백질은 세포질에서 기능하는 것뿐만 아니라 어떤 것은 세포 내 기관인 미토콘드리아, 엽록체나 막의 내부 및 외측에 운반되어 막효소나 수송단백질로서 작동한다. 이와 같은 단백질은 어떻게 하여 막을 빠져나가 정확한 부위로 운반되는 것일까? 이들 단백질은 N 말단에 15~30개 정도의 여분 펩티드를 지니고 있다. 이것을 시그널 배열이라고 하며 폴리펩티드가 목적지에 운반되는 시그널로서 기능한다. 시그널 배열은 하전되지 않은 소수성의 아미노산으로 이루어져 있다. 시그널 배열과 그것에 연속되는 폴리펩티드 쇄의 부분은 지질막 중에서는 나선이 구부러진 머리핀 구조를 취하기 쉽다. 이처럼 하여 폴리펩티드의 N 말단 부분이 막에 고정되면 나머지 폴리펩티드의 부분은 막의 외측으로 나가기 쉽게 된다. 폴리펩티드 쇄의 C 말단이 완전히 빠져나가면 시그널 배열의 연결부가 단백질 분해효소의 시그널 펩티다아제(Peptidase)로 절단되어 폴리펩티드가 목적지까지 이동한다.

5장
RNA 바이러스와 질병

바이러스의 정체

바이러스의 발견

17세기 중반경 레이우엔훅(Leeuwenhoek, 1632~1723)은 수제 (手製) 현미경을 사용하여 육안으로는 볼 수 없는 세균(Bacteria) 이나 원생동물(원충: Protozoa) 등 미생물의 세계를 발견하였다. 그는 렌즈를 자기 자신이 갈아서 손수 현미경을 제작하였으며, 썩은 육즙의 추출물, 발효한 우유나 엿기름(맥아) 액에서 미생물 의 존재를 확인하였다. 그 후 약 2세기 동안은 별다른 진전을 보지 못하였다. 그러나 19세기의 후반에 이르러 코흐(Koch, 1843~1910)에 의해서 결핵균(1882)과 콜레라(Cholera)균(1883) 이 발견되었으며, 파스퇴르(Pasteur, 1822~1895)에 의해서 미생 물의 생활이 상세히 연구되는 등으로 질병, 발효나 부패가 미 생물에 의해서 일어난다는 것이 뒤이어 밝혀지게 되었다.

같은 시절 마이어(Mayer)는 담뱃잎에 모자이크 모양의 반점 을 일으키는 병이 그 잎을 짜낸 즙액에 의해서 전염된다는 것 을 발견하였다(1886). 그는 그 병의 원인이 담뱃잎의 즙액에 존 재하는 세균이라고 생각하였다. 1890년, 러시아의 이바노프스 키(Iwanovsky)는 담뱃잎의 즙액을 초벌구이의 여과기에 통과시 켜 그 감염성을 조사한 결과, 감염성이 거른 물에 그대로 남아 있음을 확인하였다. 흔히 초벌구이 여과기를 사용하면 세균은 제거된다. 그러므로 그 결과는 감염성을 지니는 세균보다도 더 작은 생물의 존재 가능성을 시사하는 것이다. 그러나 당시 그 는 그런 작은 생물의 존재를 믿을 수 없었으므로, 그 병은 세균 에 의한 오염이나 독소와 같은 것에 의한 것이라고 생각하였다.

1898년, 네덜란드의 식물학자 베이예링크(Beijerinck)에 의해서 담배 모자이크병은 초벌구이 여과기를 통과할 수 있을 정도로 작으며 자기 증식능(自己增殖能)을 갖는 생물에 의해서 야기된다는 것을 확인하였다. 그는 그것을 라틴어로 contagium *v* ivium fluidum(생명을 지닌 감염 액체)으로 명명하였다. 그리하여 그 후 일반적으로 바이러스(Virus)라고 불리게 되었다. 바이러스는 라틴어로는 본래 '독'을 의미하는 낱말이다. 이것이 담배 모자이크병 바이러스(TMV)의 최초의 발견이다. 그것과는 독립적으로 1898년 레플러(Loeffler)와 프로슈(Frosch)는 소의 전염병인 구제역(口路疫, FMD)의 수포액을 초벌구이 여과기에 통과시킨 액 속에 그 병원성이 존재한다는 것을 발견하였다. 이들의 연구가 바이러스의 최초 발견으로서 자리 잡게 되었다.

당시 베이예링크의 사고(思考)는 학계에 즉시 받아들여지지 못하였다. 그 후 같은 현상이 다른 식물의 질병, 예컨대 오이 모자이크병이나 감자 X병에서도 발견되었고 인간의 질병인 황열병(黃熱病)이나 광견병(狂犬病)도 마찬가지로 매우 작은 생물에 의해서 야기된다는 것이 밝혀졌다. 또한 1915년 영국의 트워트(Twort)에 의해서, 1917년 프랑스의 데렐(d'Herelle)에 의해서 각각 독립적으로 세균을 침해하는 바이러스, 즉 박테리오파지(Bacteriophage)가 발견되는 등으로 인해 바이러스의 존재는 일반적으로도 믿어지게 되었다.

1928년 일본의 노구치 히데요(野口英世) 박사는 아프리카에서 황열병을 연구하던 중 불행히도 황열병에 걸려 사망하게 되었다. 황열병이 황열 바이러스에 의해서 야기된다는 것을 전자현미경 관찰을 통해서 알게 된 것은 박사의 사후 11년이 지나서였다. 그는 병원균의 시대에서 점차 나아가 바이러스가 주목의 대상이 되는 시대의 과도기 한가운데에서 연구하고 있었다.

지구상의 생물은 바이러스에 시달리고 있다

오늘날 우리들의 주변에는 매우 많은 바이러스가 존재하고 있다. 예컨대 감기, 암, 소아마비 등의 질병은 바이러스에 의해서 야기되는 것이다. 또한 최근 전 세계에 퍼져 가는 공포의 질병 에이즈(AIDS)의 원인도 바이러스인 것이다. 인간뿐만 아니라 곤충이나 새, 돼지, 개, 고양이 등의 다른 동물도 바이러스로 고통받고 있다. 또한 동물뿐만 아니라 담배, 토마토, 감자, 오이 등의 식물도 바이러스의 공격에 노출되고 있다. 또한 세균이나 남조류와 같은 미생물 중에도 바이러스가 존재하고 있다. 이처럼 지구상 생물의 생활은 바이러스와 밀접하게 관련되어 있다. 바이러스는 기생하는 숙주에 따라 세균, 식물, 동물 바이러스의 3가지로 크게 구분할 수 있다.

바이러스란 무엇인가?

바이러스를 생물이라고 할 수 있을 것인가? 생명은 용기(容器)를 지니고 있고, 자기 복제(自己複製)될 수 있으며, 자기 유지될 수 있고, 진화될 수 있는 등의 4가지 조건을 겸비하고 있어야 한다. 바이러스는 자기 유지 기능에 관여하는 에너지 생산계의 효소를 지니고 있지 않으므로 숙주의 세포 밖에서 독립적으로 생활을 영위할 수는 없다. 숙주의 세포 내에서만 생활할 수 있는 기생체이다. 이 점에서는 세포 내 소기관인 미토콘드리아나 엽록체와 유사하다. 그러므로 오늘날 바이러스는 독립된 생물이라고는 생각되지 않고 있다.

바이러스 입자는 비리온(Virion)이라고 불리며 그 크기는 25 ㎚[1㎚(Nanometer)는 100만분의 1㎜]의 MS2라는 박테리오파지에서부터 300㎚의 백시니어 바이러스(Vaccinia Virus, 종두 바이러스)에 이르기까지 각양하다. 바이러스의 구조는 중심부에 자기와 같은 것을 만드는 데 필요한 유전자인 핵산, 혹은 코어(Core)라는 핵산과 단백질의 복합체가 존재하며 캡시드(Capsid)라는 단백질의 외피(外被)에 둘러싸여 있다. 또한 숙주의 세포막이나 핵막에서 유래한 엔벨롭(Envelope)이라는 지질막을 가장 바깥쪽에 지니고 있는 바이러스도 있다.

바이러스에는 유전자로서 DNA를 지닌 것과 RNA를 지닌 것의 2종류가 있다. 천연두(天然度), SV40, 박테리오파지 λ, T2, T4, T6 등의 바이러스는 유전자로서 겹가닥의 DNA를 지니며, DNA 바이러스라고 불린다. 박테리오파지 MS2, TMV, 폴라오(소아마비) 바이러스, 인플루엔자(독감) 바이러스, 에이즈 바이러스 등은 유전자로서 외가닥의 RNA를 지니며, RNA 바이러스라고 불린다. 외가닥 DNA나 겹가닥 RNA를 갖는 바이러스도 있으나 그 수는 적다.

또한 RNA 바이러스 중에는 RNA로부터 DNA를 만드는 역전사효소를 스스로 가진 것도 있어 레트로 바이러스(Retro Virus)라고 병명되고 있다. 이것은 reverse transcriptase-containing oncogenic virus(역전사효소를 지니는 종양 바이러스)의 밑줄 친 부분만을 모은 약칭이다. 레트로 바이러스는 질병에 관여하는 것이 많으며 에이즈 바이러스, 육종(肉腫) 바이러스, 백혈병 바이러스 등이 이것에 속한다.

이하 세균, 식물, 동물에 기생하는 RNA 바이러스에 대해서 더 상세히 살펴보자.

세균 바이러스

RNA 파지의 구조

세균 바이러스는 세균에 감염하여 균체를 용해하면서 증식하는 바이러스로서 박테리오파지라고도 한다.

대장균의 웅성의 것에만 감염하는 RNA를 유전자로 지니는 RNA파지가 있다. 이것은 물리적, 생리적 성질의 차이에 의해서 3가지 그룹으로 나누어진다. 최초의 그룹은 MS2, M12, f2, R17, R23이라는 파지, 제2의 그룹은 Qβ와 그 근연의 파지, 제3의 그룹은 f4, β 등의 파지로 분류된다.

이들 RNA 파지는 지름 25㎜의 정이십면체(Icosahedron) 형상을 한 입자(그림 5-1)로서 중심에는 외가닥의 RNA를 유전자로 지니고 있다. 이 RNA는 A 단백질(분자량 38,000), 코드 단백질(분자량 14,000), 리플리카아제(RNA 중합효소 분자량 65,000)의 3가지 단백질을 코드화하고 있다. 그 시스트론(Cisstron: 유전자의 기능 단위)은 〈그림 5-2〉에서처럼 되어 있다. MS 파지의 유전자는 3,569개의 뉴클레오티드로 이루어져 있으며, 그 전 염기배열은 1976년 벨기에의 피어스(Fiers) 등에 의해서 결정되었다. 〈그림 5-3〉에 그 2차 구조를 나타내었다.

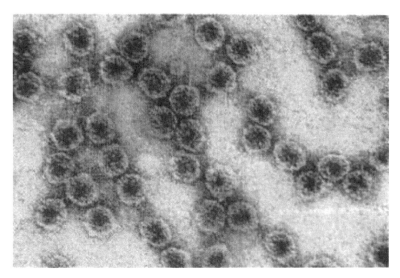

〈그림 5-1〉 f2 파지의 전자현미경 사진(紫忠義 씨 제공). 파지의 크기는 25㎚

〈그림 5-2〉 MS2(f2, R17) 파지의 유전자

RNA 파지의 증식

RNA 파지는 숙주세포 속에 끼어 들어가서 어떻게 증식하는 것일까? RNA 파지가 숙주세포에 들어가면 그대로 mRNA가 되어 숙주세포의 단백질 합성 장치를 이용하여 리플리카아제(Replicase)라는 RNA 중합효소를 만든다. 이 효소에 의해서 복제가 개시된다. 우선 자기 자신의 RNA(+가닥)를 주형으로 하여 이것에 서로 보완적인 (-)가닥의 RNA를 만든다. 복제의 과정에서는 RF형(Replicative Form)이라는 겹가닥의 상태도 취하나 (-)

142

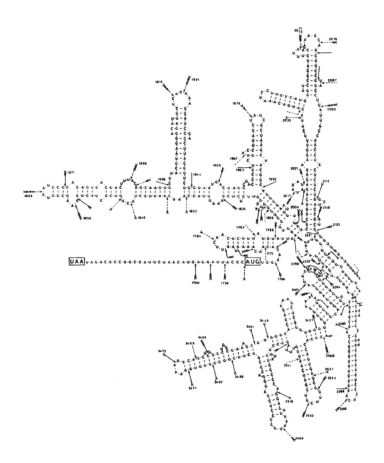

〈그림 5-3〉 MS2 파지의 유전자 RNA의 전 염기배열(Fiers 등, 1976)

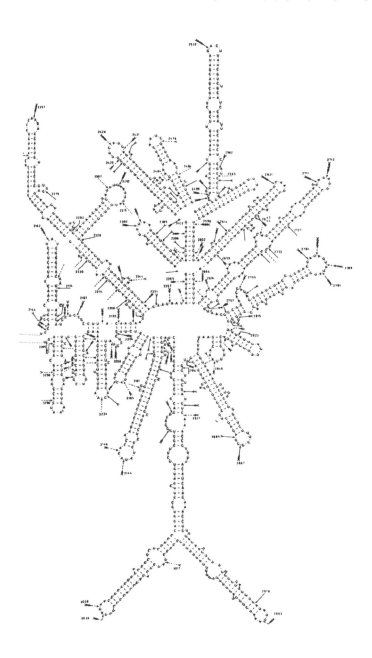

가닥의 RNA가 계속 합성되기 때문에 대부분은 RI형(Replicative Intermediate)이라는 외가닥의 (+)가닥 RNA에 많은 (-)가닥 RNA가 붙은 복제중간체의 상태를 취하고 있다. (-)가닥의 RNA가 많이 합성되면 이번에는 이 (-)가닥을 주형으로 하여 (+)가닥이 합성되어 축적된다.

Qβ 파지의 리플리카아제는 4개의 서브 유닛으로 성립되어 있다. 이 중에서 하나는 자기 자신의 유전자로부터 합성되나 다른 셋은 단백질 합성의 신장 인자인 EFTu와 EFTs, 그리고 30S 리보솜 구성단백질이다. 즉, 자기 지분은 하나뿐이고 다른 셋은 숙주의 부품을 약삭빠르게 빌려서 만들어 버리는 것이다. 그러므로 Qβ 파지는 매우 경제적으로 자기의 효소를 만들고 있다고 하겠다.

숙주의 세포 내에서는 (+)가닥의 RNA로부터 리플리카아제 이외의 단백질도 합성된다. A 단백질과 코드 단백질이 그것이다. 대장균 등의 장내 세균은 그 표층에 길이가 수 ㎛인 섬모(纖毛)라는 섬유상 구조체를 지니고 있다. 균체당 100~200개가 있다. A 단백질은 숙주세포의 섬모에 흡착하기 위해서 필요한 단백질로서 성숙단백질이라고도 한다. 즉, 파지가 감염되는 데 있어 최초로 필요로 하는 인자이다. 코드 단백질은 유전자 RNA를 보호하고 있는 외피단백질인 것이다.

(+)가닥 RNA, A 단백질, 코드 단백질이 스스로 집합하여 감염성이 있는 새끼(Progeny) 파지로 만들어진다. 37℃에서 40분 가량 배양하면 세포 1개당 약 1만 개의 새끼 파지가 생산된다. 이 파지 입자는 1분자의 RNA, 1분자의 A 단백질, 180분자의 코드 단백질로 이루어져 있다. 새끼 파지는 많이 증식되면 균

체를 용해해 밖으로 나온다(방출). 파지는 이와 같은 사이클을 반복하면서 계속 증식해 간다.

식물 바이러스

담배 모자이크 바이러스는 결정화된다

오늘날 식물에 감염되어 질병을 일으키는 많은 바이러스가 알려져 있다. 전술한 바와 같이 식물 바이러스 발견의 제1호는 베이예링크에 의해서 1898년에 발견된 담배 모자이크 바이러스(TMV)이다. 그 후 이 바이러스의 실체 해명을 목표로 한 연구가 시작되었다. 1920년대의 후반에 이르러서야 겨우 TMV의 물리화학적인 성질이 알려지기 시작하였다. 최초에 TMV는 단백질로 이루어져 있다고 생각되었다. 그것은 TMV의 감염성이 단백질의 변성제나 단백질 분해효소로 처리되면 상실된다는 것, TMV의 항혈청이 얻어졌다는 것 등에서 유도된 결론이었다.

1935년 록펠러 의학연구소의 스탠리(Stanley)는 TMV의 결정화에 성공하였다. 그는 그 결과를 미국의 과학잡지 『Science』에 발표하고, 결정화된 TMV는 감염성을 나타내며 자기 촉매능을 갖는 거대 단백질로 이루어져 있다고 보고하였다. 그러나 바이러스가 자기 촉매능을 지니는 거대 단백질이라는 그의 결론은 틀렸던 것으로 곧 정정되었다. 다만 바이러스가 화학물질과 마찬가지로 결정화되었다는 사실은 많은 과학자에게 굉장한 놀라움을 던졌다.

다음 해인 1936년에 보든(Bawden)과 피리(Pirie)는 TMV에는

〈그림 5-4〉 담배 모자이크 바이러스 입자의 전자현미경 사진. 입자의 길이는 300㎚, 지름은 18㎚(1㎚=100만분의 1㎜, 渡邊雄一郎 씨 제공)

소량의 RNA도 함유되어 있으며 RNA와 단백질의 양자로 이루어져 있음을 밝혀냈다. 그러나 당시는 유전자가 핵산이라는 것을 아직 알지 못하였던 시절이었으며 아무도 TMV의 감염성의 실체가 RNA라고 생각하지 않았었다.

담배 모자이크 바이러스의 구조

TMV 입자는 6,390개의 뉴클레오티드가 연결된 외가닥 RNA와 2,130개의 같은 분자량(17,500)을 갖는 외피단백질로 이루어져 있다. TMV 입자를 전자현미경으로 관찰하면 지름 18㎚, 길이 300㎚인 막대기 모양 구조를 하고 있다(그림 5-4). 자세히 관찰하면 중심부가 비어 있다. TMV 입자의 더 상세한 구조는 X선 회절법에 의해서 조사되었다. 〈그림 5-5〉는 1960

년에 클루그(Klug)와 캐스퍼
(Caspar)에 의해서 제출된
TMV 입자의 입체 구조 모델
이다. 단백질은 피치(Pitch)
2.3㎚의 오른쪽으로 도는 나
선(端旋)을 형성하면서 중첩
(重疊)되어 있다. 나선의 한
둘레 중에 16과 1/3개의 단
백질아단위가 포함된다. 축의
중심은 지름 4㎚로 속이 비
어 있으며(中空), 이 속에 외
가닥 RNA가 단백질과 같은
나선 구조를 취하면서 끼어들
어 있다. RNA는 단독으로는
불안정하나 단백질의 외피에
의해서 보호되면 안정화되어
몇십 년이라도 감염력을 유지
할 수 있다.

←───100Å───→

〈그림 5-5〉 담배 모자이크 바이러스의
입체 구조 모델(Klug 등,
1960). 외가닥 RNA의 주
위에 단백질아단위가 나선
모양으로 배열되어 있음

바이러스 유전자의 구조

현재까지 600가지 이상의 식물 바이러스가 알려져 있다. 〈표
5-1〉에 대표적인 식물 바이러스를 열거하였다. 약 90%의 식물
바이러스는 외가닥 RNA를 유전자로 지니고 있으나, 개중에는
벼 위축병 바이러스와 같이 겹가닥 RNA를 지니는 것과 꽃양
배추 모자이크 바이러스와 같이 겹가닥 DNA를 유전자로 갖는

것, 옥수수 줄무늬 바이러스와 같은 외가닥 DNA를 유전자로 지니고 있는 것도 있다. 그러나 그 수는 적다.

TMV의 유전자는 6,390개의 뉴클레오티드가 연결된 외가닥의 RNA이다. 이 RNA는 mRNA로서 기능할 수 있는 (+)가닥이다. 유전자 RNA의 5′ 말단에는 진핵세포의 mRNA에서와 마찬가지로 캡이라는 구조가 붙어 있다. 한편 그 3′ 말단에는 tRNA와 유사한 클로버잎의 2차 구조를 취할 수 있는 특징 있는 배열을 지니고 있다. 그리하여 그 3′ 말단에 tRNA와 마찬가지로 아미노산을 붙일 수 있다. TMV의 RNA는 히스티딘(Histidine), 브로민 모자이크 바이러스의 RNA는 티로신(Tyrosine), 가지 모자이크 바이러스의 RNA는 발린(Valine)을 각각 3′ 말단에 붙일 수 있다. 그러나 그 기능에 대해서는 아직껏 분명히 밝혀지지 못하고 있다.

TMV의 유전자인 RNA에는 4가지 단백질이 코드화되어 있다. 즉, 분자량 13만, 18만, 3만, 17,500의 4종 단백질이다. 분자량 13만과 18만의 단백질은 복제에 관여하는 단백질(아직 복제의 반응 기구가 알려지지 않았으나 RNA 폴리머라아제로 추정되고 있음), 분자량 3만의 단백질은 감염세포로부터 비감염세포에 옮아가는 데 필요한 기능을 맡고 있다. 분자량 17,500의 단백질은 바이러스 외피의 코드 단백질이다. 즉, TMV의 유전자는 유전자 RNA를 복제하는 기능, 그 RNA를 이동시키는 기능, 그 RNA를 보호하는 기능이라는 3가지 기능의 정보를 지니고 있다.

바이러스의 감염 체계

TMV는 어떻게 하여 담뱃잎에 감염되어 질병을 일으키는 것

〈표 5-1〉 대표적인 식물 바이러스

바이러스명	형상	크기(nm)	핵산
담배 모자이크 바이러스(TMV)	막대기 모양	300×18	외가닥 RNA
맥류 반엽 모자이크 바이러스	막대기 모양	150×20	외가닥 RNA
담배 줄기마름 바이러스	막대기 모양	200×20	외가닥 RNA
감자 X 바이러스	끈 모양	500×10	외가닥 RNA
카네이션 잠재 바이러스	끈 모양	650×10	외가닥 RNA
사탕무 황화 바이러스	끈 모양	600~2000	외가닥 RNA
담배 괴저 바이러스	둥근 모양	지름 28	외가닥 RNA
보리 황화위축 바이러스	둥근 모양	25	외가닥 RNA
담배 윤점 바이러스	둥근 모양	28	외가닥 RNA
오이 모자이크 바이러스	둥근 모양	26	외가닥 RNA
뿌리혹병 바이러스	둥근 모양	70	겹가닥 RNA
옥수수 줄무늬 바이러스	쌍둥근 모양	30×20	외가닥 DNA
꽃양배추 모자이크 바이러스	둥근 모양	50	겹가닥 DNA

일까? 식물 세포의 가장 바깥쪽은 동물 세포와 달리 단단한 세포벽으로 둘러싸여 있다. 세포벽은 펙틴(Pectin)이나 셀룰로오스(Cellulose)로 이루어져 있다. 병원균은 펙틴이나 셀룰로오스 분해효소를 스스로 분비하며 세포벽을 용해하여 세포 내로 침입한다. 그러나 바이러스는 병원균처럼 세포벽을 분해하는 효소를 지니고 있지 못하다. 바이러스는 우선 인공적인 상처나 기공(氣孔)의 개구부 또는 곤충의 매개에 의해서 식물세포 내에 침입한다. 그 후 바이러스의 감염 경보는 두 가지가 알려져 있다. 그 한 가지는 이미 감염된 세포로부터 비감염 세포로 옮아가는 것으로서, 감염 속도는 비교적 느리다. 다른 한 가지는 감염되어 있는 기관으로부터 거리가 떨어져 있는 비감염 기관으로 옮아가는 것으로서, 감염 속도가 비교적 빠르다. 세포 간에

옮아가는 과정은 세포 사이를 연결하고 있는 지름 40㎜ 정도의 원형질 연락이라는 관상 구조체(管狀構造體)를 통하여 이루어진다. 기관 간에 옮아가는 과정은 수분이나 체내 물질의 이동 통로인 유관속(維管束)을 통하여 이루어진다.

식물세포 속에 끼어 들어간 바이러스는 외측의 외피단백질을 벗어 버리고 나상(裸狀)의 RNA가 된다. 이 RNA를 유전자로 하여 숙주의 단백질 합성계에서 전술한 바와 같은 분자량 13만과 18만의 단백질이 만들어진다. 다음으로, 이들 단백질이 관여하는 복제계에 의해서 이 RNA(+가닥)에 상호 보완적인 (-)가닥의 RNA가 많이 만들어진다. 또한 이 (-)가닥의 RNA 가닥을 주형으로 하여 (+)가닥의 RNA가 합성된다. 분자량 13만과 18만의 단백질은 현재로서는 아직 잘 알려지지 않으나, 다른 RNA 폴리머라아제의 아미노산 배열의 상동성으로 미루어 RNA 의존성의 RNA 폴리머라아제라고 생각되고 있다. 합성된 RNA를 mRNA로 하여 숙주의 단백질 합성계에서 전술한 4종의 단백질이 많이 합성된다. 합성된 RNA와 외피단백질이 집합하여 바이러스 입자를 형성하게 되는 것이다. 바이러스 입자는 합성된 분자량 3만의 단백질에게 도움을 받아 원형질 통로를 지나 이웃의 세포에 감염된다. TMV는 이와 같은 과정을 몇 번이고 반복하여 잎 전체에 퍼져 간다. 감염 후 1주쯤 되면 잎의 건조 중량의 1/10에서 1/20에 달하게 된다.

동물 바이러스

인플루엔자 바이러스

인플루엔자(독감)는 RNA 바이러스의 일종인 인플루엔자 바이러스(Influenza Virus)에 의해서 일어나는 질병이다. 인플루엔자는 16세기 초 이탈리아인에 의해서 이 질병이 별의 영향(=Influenza)에 의해서 초래된다는 의미로 인플루엔서라고 불렸다. 그 당시는 인플루엔자의 유행이 유성(流星)이나 혜성(彗星)의 악의(惡意)에 의해서 초래되는 것으로 생각되고 있었다. 그 후 18세기 중반부터 영국에서 인플루엔자로 불리게 되었다.

인플루엔자는 뒤에 설명하는 AIDS보다도 어떤 면에서는 더 무서운 질병이다. AIDS 바이러스는 혈액, 성행위, 모자 감염 등의 특정 경로에 의해서만 옮겨 가며 보통의 생활을 영위하는 한 감염의 위험성은 거의 없다. 그러나 인플루엔자 바이러스는 '기침'이나 '재채기'에 의해서 공기 감염되며 겨울이 되면 매년 수십만이나 되는 사람들이 목이 아프거나 기침과 열이 나거나 하는 소위 '독감' 증상에 걸리게 된다. 평생 이것만큼 많이 걸리는 질병은 다른 것에서는 볼 수 없다. 건강한 사람은 감기(독감)의 증상만으로 1주에서 10일 정도로 완전히 회복되나, 저항력이 약한 아이들이나 노인, 환자의 경우에는 인플루엔자가 방아쇠가 되어 다른 질병을 유발하며 합병증으로 사망하는 예가 많다.

금세기 최대의 인플루엔자 유행은 1918년의 스페인 독감이다. 이때 세계 인구의 절반 정도의 사람들이 감염되어 2000만 명 이상이 사망하였다고 한다. 일본에서도 39만 명 이상이 사

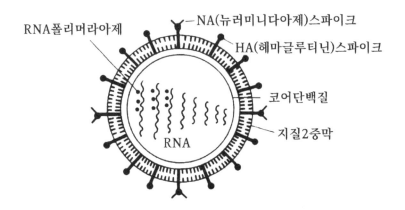

RNA폴리머라아제

NA(뉴러미니다아제)스파이크

HA(헤마글루티닌)스파이크

코어단백질

지질2중막

RNA

〈그림 5-6〉 인플루엔자 바이러스의 모식 구조도

망하였다는 것이다. '의학의 아버지'라고 불리는 고대 그리스의 히포크라테스(Hippocrates)도 기원전 412년에 인플루엔자에 대해서 글을 남겼다. 그러므로 인류는 인플루엔자에 매우 오랫동안 시달려 왔다고 할 수 있다. 오늘날 인플루엔자는 AIDS와 더불어 인류가 제압해야 할 최대의 적인 것이다.

인플루엔자 바이러스는 약 10년마다 맹위를 떨친다. 예컨대, 1957년의 아시아 독감, 1968년의 홍콩 독감, 1977년의 러시아 독감 등 약 10년마다 새로운 유형의 인플루엔자 바이러스가 나타나고 있다. 인플루엔자 바이러스에는 A형, B형, C형의 3종이 있으며 신종은 언제나 A형으로부터 출현한다.

인플루엔자 바이러스의 구조

사람의 인플루엔자 바이러스는 영국의 앤드루스(Andrewes)와 스미스(Smith)에 의해서 1933년 처음으로 분리되었다. 〈그림

5-6〉에서 보는 바와 같이 A형의 인플루엔자 바이러스는 구형 (球形)으로 크기는 지름 약 1,000Å(1/10,000㎜)이다. 인플루엔자 바이러스의 유전자는 RNA이다. RNA는 8개의 외가닥으로 이루어져 있으며 단백질과 결합하여 존재하고 있다. 그중 3개의 RNA에는 폴리머라아제라는 RNA 중합효소가 결합하고 있다. RNA는 단백질의 코어(Core, 속심)로 둘러싸여 있으며 그 외측은 숙주의 세포막에서 유래하는 지질의 이중막으로 싸여 있다. 지질 이중막에는 '스파이크(Spike)'라는 2종의 당단백질이 꽂혀 있다. 이들 당단백질은 헤마글루티닌(Hemagglutinin, HA)과 뉴러미니다아제(Neuraminidase, NA)라고 불리며 바이러스가 숙주세포에 결합할 때와 증식된 바이러스가 세포로부터 방출될 때에 작용한다.

인플루엔자 바이러스의 감염과 증식

입이나 코로부터 체내에 들어간 인플루엔자 바이러스는 스파이크로 숙주의 호흡기 상피세포 표면의 수용체에 결합하여 세포 내로 침입한다(그림 5-7). 세포 내에서 RNA는 자기가 지니고 있는 폴리머라아제에 의해서 전사되어 새로운 mRNA(+가닥)를 만든다. 그리하여 그것을 주형으로 하여 바이러스의 유전자가 되는 RNA(-가닥)를 계속 복제한다. 이 폴리머라아제는 RNA를 주형으로 하여 RNA를 합성하는 RNA 합성효소로서 판독 오류를 수정하는 기능을 가지고 있는 것이 특징이다. 지금까지 알려진 RNA 합성효소는 수정기능을 갖지 못한다. 숙주의 단백질 합성장치에서는 바이러스의 복제된 (+)가닥의 mRNA 정보에 근거하여 바이러스 입자를 구성하는 데 필요한 폴리머라아

154

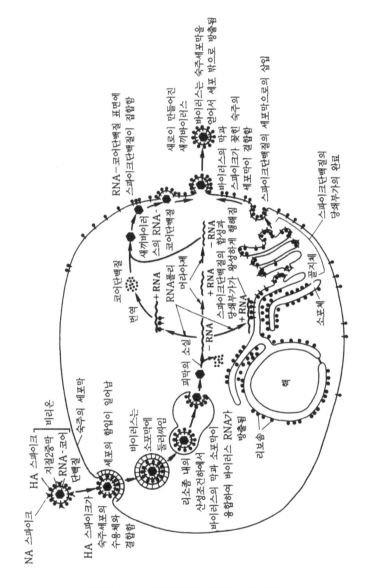

〈그림 5-7〉 인플루엔자 바이러스의 감염

(Alberts 등, 1983년의 것을 일부 개정)

제, 코어나 막 등의 단백질이 만들어진다. 만들어진 막단백질은 숙주의 세포막에 꽂히며 세포막이 부풀어 오르고 그곳에 코어 단백질로 싸인 바이러스 RNA가 모인다. 그 후 바이러스는 숙주의 세포막을 얻어서 세포 밖으로 방출된다. 이 일련의 과정에서 1개의 세포로부터 수천 개의 새로운 바이러스가 만들어진다. 새로운 바이러스는 목구멍으로부터 기관으로 옮겨 가며, 다시 몸의 깊은 곳으로 감염되어 가면서 새로운 RNA를 대량으로 만들어 간다. 그러나 건강한 사람이라면 면역력이 있으므로 폐에 침입하기 전까지는 저지된다.

보통 인플루엔자 바이러스에 감염되어 30시간 정도 지나면 증상이 나타난다. 바이러스가 체내에서 100만 개 정도로 증식되면 38~40℃의 열이 나는 증상을 보인다. 뒤이어 목이 아파지거나, 재채기나 콧물이 흐르게 되거나 혹은 두통, 근육통, 관절통, 요통, 복통, 설사 등의 증상이 나타난다. 건강한 사람의 경우에는 보통 1주에서 10일이면 '독감'의 증상으로부터 회복된다. 그러나 폐 기능에 질환이 있는 사람이나 고령자는 면역력이 저하되어 있으므로 폐렴을 일으켜 사망하는 사례가 많다. 그 외에 당뇨병에 걸려 있는 사람은 혼수상태가 되는 경우도 있다. 그러므로 폐나 심장이나 당뇨병 등의 만성 질환을 앓은 사람이나 노인에게는 더욱더 무서운 질병이다.

전 세계의 사망자 수는 지진, 태풍, 해일, 화재, 화산 폭발 등의 천재지변이나 전쟁, 커다란 사고 등 인재의 경우를 제외하고는 매년 거의 일정하다. 이 일정 수를 웃도는 사망자가 나올 경우는 '초과 사망'이라고 한다. 인플루엔자가 대유행한 해에는 이 초과 사망자 수가 많다.

새로운 타입은 닭으로부터

새로운 인플루엔자 바이러스는 어떻게 해서 나타나는 것일까? 인플루엔자 바이러스가 세포에 결합하는 데 필요한 스파이크 부분에 커다란 변이가 일어나면 신종 인플루엔자 바이러스가 탄생한다. 사람의 인플루엔자 바이러스의 스파이크 부분 단백질은 매우 빠른 속도로 변이한다. 이것은 이 단백질을 코드화하는 RNA가 8개로 나누어져 있기 때문에 서로 재조합이 빈번하게 일어나 신종 바이러스가 탄생하기 쉽기 때문이다.

사람, 돼지, 말, 조류(鳥類), 바다표범 등의 인플루엔자 바이러스 스파이크를 구성하고 있는 단백질의 아미노산 배열을 비교함으로써 인플루엔자 바이러스의 계통수가 작성되었다. 그것에 의해 인플루엔자 바이러스의 기원이 조류에 있다는 것을 알게 되었다. 지금까지의 연구 결과 사람의 인플루엔자 바이러스와 조류의 인플루엔자 바이러스가 돼지의 체내에서 보존되어 재조합이 일어나면서 새로운 타입의 바이러스가 만들어졌다고 생각되고 있다. 즉, 돼지를 매개로 하여 새로운 인플루엔자 바이러스가 만들어지고 있다. 그 장소는 중국의 남부로 생각되고 있다. 그것은 세계에서 대유행을 이루는 반년에서 1년 전에 중국에서 반드시 유행하고 있기 때문이다. 중국에서는 사람이 오리나 돼지와 함께 생활하기도 하기 때문에 유전자의 재조합이 일어나기 쉬운 장소를 제공하고 있는 것으로 보인다.

인플루엔자 바이러스의 증식을 억제하기 위해서는 백신(Vaccine: 예방접종 제제)이 유력한 무기이다. 그러나 이처럼 신종 바이러스가 잇따라 탄생하게 되면 그해에 유행하는 바이러스를 예측하기는 매우 어렵다. 이와 같은 사실이 유력한 백신의 제조를 더한층 곤란하게 만든다. 최근 일본에서는 집단 접종의 효과나 부작용 면에서 백신 접종의 옳고 그름이 문제가 되고 있다.

인류는 페스트(Pest), 콜레라(Cholera), 황열병(Yellow Fever), 발진티푸스(Typhoid), 천연두(Smallpox), 결핵증(Tuberculosis) 등의 역병(疫病)을 백신 등의 예방접종이나 화학요법의 눈부신 진전으로 제압해 왔다. 그러나 여전히 부국에서도 빈국에서도 똑같이 만연하는 인플루엔자 바이러스를 억제하지 못하고 있다. 유사 이래 오랫동안 계속되어 온 인류와 인플루엔자 바이러스의 투쟁은 앞으로도 계속될 것이다.

AIDS 바이러스

AIDS란?

AIDS란 후천성 면역 결핍(부전) 증후군(Acquired Immuno Deficiency Syndrome)의 머리글자를 따서 붙인 이름으로서, 금세기 후반 전 세계를 엄습한 큰 전염병이다. AIDS의 원인이 되는 바이러스는 사람 면역 결핍증 바이러스, HIV(Human Immunodeficiency Virus)라고 하며, 레트로 바이러스의 일종으로서 RNA를 유선사로 지니고 있다. AIDS 바이러스는 숙주세포에 침입하여 자기 자신이 지니고 있는 역전사효소(RT)라는 DNA 중합효소에 의해서 자신의 RNA를 주형으로 하여 상호 보완적인 DNA(cDNA)를 합성한다. 합성된 DNA는 숙주세포의 핵에 옮아가 숙주의 염색체에 융합되어 복제된다.

AIDS 바이러스의 숙주세포는 면역계에서 중심적인 역할을 하는 백혈구의 일종인 T4 림프구이다. T4 림프구에 끼어 들어간 바이러스는 림프구가 면역적 자극을 받을 때까지 가만히 잠재하고 있다. 바이러스가 일단 증식을 개시하면 바이러스 입자는 매우 활발하게 방출되기 때문에 숙주세포의 세포막이 구멍 투성이가 되어 죽어 버린다. 그 결과 T4 세포가 없어지게 되며 갖가지 증상을 일으킨다.

AIDS 바이러스의 발견

AIDS의 최초의 징후는 보통의 환자에서는 볼 수 없는 카포시(Kaposi) 육종이라는 암이 잦은 것에 있었다. 카포시 육종은 내장의 혈관이나 피부에 생기는 육종으로서 지금까지는 유대인이나 이탈리아인 남성과 아프리카인에게 잦았었다. 그러나 1970년의 후반부터 미국이나 유럽의 중산 계급 남성에게서 많이 보게 되었다. 후에 이르러 이들 카포시 육종 환자의 대부분은 동성애 경험자라고 알려지게 되었다. 더욱이 AIDS는 주사기를 사용하는 마약 상습자, 수혈을 받은 혈우병(血友病) 환자, 아이티(Haiti) 사람에게 잦다는 것을 알게 되었다. 또한 최근에는 카스피해에 가까운 러시아의 엘리스타라는 지역에서 입원하고 있던 유아 58명이 주사기를 통하여 AIDS에 걸렸다는 것이 보도되었다. 이 대량 감염은 AIDS에 오염된 주사기를 계속 사용한 것이 원인이었다.

AIDS의 병원체의 단서는 혈우병 환자가 혈청 성분의 수혈을 받은 후에 AIDS에 걸렸다는 사실로부터 얻어졌다. 혈청 성분을 조제할 때는 세균이나 곰팡이가 통과될 수 없을 정도로 작

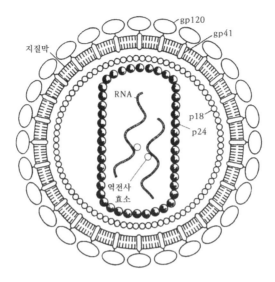

지질막
gp120
gp41
RNA
p18
p24
역전사
효소

〈그림 5-8〉 AIDS 바이러스 입자의 구조

은 구멍이 뚫린 필터(Filter)를 사용하여 멸균 여과한다. 그러나 바이러스는 이 필터를 통과해 버린다. 이 사실은 병인물질이 바이러스일 가능성이 높다는 것을 시사하고 있다.

많은 바이러스학자가 이 AIDS의 원인이 되는 바이러스의 검출을 시도하였다. 그러나 AIDS 바이러스는 T4 세포에 감염되면 그 세포를 죽여 버리기 때문에 배양하여 증식시킬 수 없는 난점이 있었다. 미국의 갤로(Gallo) 등의 그룹은 바이러스가 감염되어도 죽지 않는 배양세포를 발견하고 AIDS 바이러스를 많이 증식시키는 데 성공하였다.

AIDS 바이러스의 구조

AIDS 바이러스는 어떤 분자기구(分子機構)로 T4 세포를 파괴하는 것일까? 우선 바이러스의 구조부터 살펴보기로 한다(그림 5-8). 바이러스는 지름 1,000Å(1/10,000㎜)의 구형 입자이다. 입자의 가장 외측은 숙주세포막에서 유래하는 지질의 2분자막으로 싸여 있다. 그 막에는 당과 단백질로 이루어진 당단백질이 꽂혀 있다. 당단백질은 막 중에 들어가 있는 gp41과 막의 외면에 돌출되어 있는 gp120의 둘로 나누어져 있다. 지질막의 내측에는 p18과 p24라는 단백질의 코어(Core)가 있다. 그 코어 속에는 유전자인 RNA와 그 RNA를 주형으로 하여 DNA를 합성하는 역전사효소가 존재하고 있다.

AIDS 바이러스의 유전자는 5′ 말단으로부터 gag(개그 단백질 또는 군특이적 항원), pol(단백질 분해효소, 역전사효소, 리보뉴클레아제H, 인테그레이스), env(외피단백질)로 구성되어 있다.

AIDS 바이러스의 감염 체계

AIDS 바이러스 감염의 제1단계에는 바이러스 입자 외피의 gp120과 T4 세포 표면의 T4 분자가 상호작용하여 융합하고 그 결과 세포 내에 바이러스의 코어가 주입된다. 코어에는 구조단백질이나 역전사효소, 단백질 분해효소, 인테그레이스 등의 효소류와 겹가닥 RNA가 함유되어 있다. 숙주세포 내에서는 역전사효소의 작동으로 우선 바이러스의 RNA를 주형으로 하여 상보적인 DNA가 합성되어 DNA-RNA 잡종 겹가닥이 형성된다. 다음으로 역전사효소가 지니고 있는 리보뉴클레아제H(DNA-RNA 잡종의 RNA 가닥만을 절단 분해하는 활성)에 의해서 DNA-RNA 가닥 중 주형으로 된 RNA 가닥만이 분해되며, 남은 DNA의 외가닥을 주형으로 하여 그것과 상보적인 DNA가 합성되어 DNA 겹가닥이 형성된다. 이 겹가닥 DNA가 세포의 핵으로 옮아간다. 다음으로, 바이러스의 유전정보를 지닌 겹가닥 DNA가 인테그레이스(Integrase)라고 불리는 효소에 의해서 숙주 세포의 DNA 속에 융합된다. 이와 같은 융합된 상태의 바이러스 DNA는 프로바이러스(Provirus)라고 불린다. 프로바이러스는 일단 숙주세포의 DNA에 융합되면 세포분열 때마다 복제된다. 그러므로 프로바이러스는 형체를 드러내 놓지 않고 계속 잠복할 수 있는 것이다. 이렇게 하여 지속적인 감염이 성립된다.

숙주세포의 전사나 단백질 합성 체계를 이용하여 프로바이러스 DNA로부터 RNA가 합성되며 그중의 몇 가지는 단백질로까지 번역된다. 합성된 RNA와 단백질로부터 새로운 바이러스 입자가 형성되어 세포로부터 출아(出芽)하여 방출된다. 이 새로운 바이러스 입자의 형성이 세포막에서 행해진다. 외피단백질과 코어와 효소의 전구체단백질이 세포막에서 응집하면 세포막이 부풀어 오른다. 전구체 단백질의 한 가지가 RNA를 끌어들이고 단백질 분해효소가 전구체로부터 자기 자신을 잘라 낸다. 그 단백질 분해효소는 다시 역전효소나 인테그레이스 등의 효소를 전구체단백질로부터 끊어 내어 바이러스 입자의 구축을 완성한다. 바이러스 입자의 형성이 격렬하게 행해지면 숙주세포는 구멍이 뚫리고 파열되어 죽어 버리고 만다.

AIDS 바이러스의 유전자는 변화하기 쉽다

AIDS 바이러스의 유전자는 극히 변화하기 쉽다. 각기 다른 장소와 때에 분리된 HIV주에 대해서 뉴클레오티드 배열이 조사되어 있다. 어떤 주와 또 다른 주의 뉴클레오티드 배열을 비교하면 그 차이가 1~2%인 경우도 있고 20% 이상인 경우도 있다. 왜 이와 같은 커다란 차이가 보이는 것일까?

AIDS 바이러스 등 레트로바이러스의 복제는 변이를 일으키기 쉬운 역전사효소의 촉매작용에 의해서 행해진다. 이 역전사효소는 DNA 의존의 DNA 합성효소와 같이 착오를 정정하는 3′→5′ 엑소뉴클레아제 활성을 지니고 있지 못하다. ADIS 바이러스의 역전사효소는 약 2,000회에 1회꼴로 판독 착오를 일으킨다. 이 수치는 다른 레트로바이러스에 비해 1개단 높은 것이다. AIDS 바이러스의 경우 염기가 1개 치환(置換)하는 점돌연변이(点突然變異)와 더불어 1염기 판독 틀이 어긋나는 프레임 시프트(Frame Shift) 변이도 많이 나타난다. 또한 핫스폿(Hot Spot)이라고 불리는 변이가 일어나기 쉬운 염기배열도 존재하고 있다. 이 핫스폿의 영역에서는 70회에 1회 정도의 비율로 판독 오차를 일으킨다. AIDS 바이러스 유전자의 전염 기수는 9,749이나 생체 내에 있어서도 1회의 복제로서 5~10개의 변이가 일어나는 것으로 추정되고 있다. 이처럼 변이가 매우 일어나기 쉬운 점이 AIDS 바이러스의 특징으로서 그 변이율은 진핵생물 DNA의 복제에 비해 100만 배나 높다. 변이율이 높은 것이 효과적인 백신의 개발을 어렵게 하고 있다.

AIDS 환자는 늘어만 가고 있다

1970년대부터 조금씩 퍼져 가기 시작한 AIDS는 오늘날 전 세계에서 맹위를 떨치고 있다. WHO(세계보건기구)에 의하면 현재까지의 누적 환자 수는 25만 명을 넘어선다고 한다. 또한

AIDS 바이러스에 감염된 사람은 500~1000만 명에 달하며 이 중 100만 명이 5년 이내에 발병할 것이라는 것이다. 미국 내에서는 AIDS 바이러스 감염자가 100~150만 명이라고 하며 1990년에는 6만 명이 AIDS 환자로서 인정되리라 예측되었다. 일본에서의 AIDS 환자는 1989년 9월까지 108명으로 미국에 비하면 매우 적은 수이다.

AIDS 바이러스의 기원

이처럼 현재 급속히 퍼져 가고 있는 AIDS 바이러스의 기원은 무엇인가? AIDS 바이러스의 기원이나 진화 과정을 연구함으로써 바이러스의 성질을 명백히 밝힐 수 있으며, 또한 그것은 AIDS 백신이나 치료법에도 유용할 것으로 생각된다. 기원을 살피는 한 가지 방향으로 사람 이외의 영장류에서 유사한 바이러스를 찾는 시도가 이루어졌다. 그 결과 사람의 레트로바이러스와 유사한 바이러스가 유인원에서 발견되었다. 아프리카 녹색원숭이는 AIDS 바이러스에 가까운 원숭이 면역 결핍증 바이러스(Simian Immunodeficiency Virus, SIV)를 지니고 있다. SIV는 녹색원숭이에게 AIDS를 유발하지는 않으나 아시아의 마카크(Macaque)속 원숭이에게는 AIDS를 일으킨다. SIV 유전자의 염기배열은 사람 AIDS 바이러스의 그것과 약 50%의 상동성(相同性)을 지니고 있다. SIV는 마카크에게는 병증을 일으키나 아프리카의 야생 녹색원숭이에게는 왜 병증을 일으키지 않는 것일까? 녹색원숭이에게는 무해한 SIV가 어떤 기회의 접촉에 의해서 녹색원숭이로부터 마카크원숭이에게 옮아갔는지도 모를 일이다. SIV도 이전에는 아프리카의 녹색원숭이에게 큰 타격을 주었으며 죽음에 이르게 하였을 것이다. 그와 같은 과정을 거쳐 아프리카의 녹색원숭이는 SIV에 대한 저항성을 획득했을 것이다. 마카크는 비교적 최근 처음으로 감염되었으므로 바이러스로부터 발병을 막을 만한 보호기구가 아직 획득되지 못하였을 것이다.

침팬지는 사람의 AIDS 바이러스에 감염되는 유일한 동물이나 사람에게서처럼 죽음에 이르는 병증에는 이르지 않는다. 이처럼 저항성을 획득하고 있는 것은 야생의 침팬지가 과거에 AIDS 바이러스와 우연히 만난 것을 의미하는지도 모를 일이다.

레트로바이러스는 다른 세포 내 기생체와 마찬가지로 숙주와 공존할 수 있다. 예컨대 쥐, 토끼, 다람쥐와 같은 설치류(齧齒類)나 닭 등의 레트로바이러스에서는 바이러스 유전자가 숙주의 유전자에 융합되어 계속 이어지고 있다. 이와 같은 바이러스를 내인성(內因性) 바이러스라고 하지만 사람의 AIDS 바이러스는 개체에서 개체로 옮아가는 외인성 바이러스이다.

최근 서아프리카의 세네갈에서 미국, 중앙아프리카, 유럽에서 발견되는 종래의 AIDS 바이러스와는 다른 AIDS 바이러스가 발견되었다. 이 새로운 AIDS 바이러스는 종래의 미국 및 유럽형 AIDS 바이러스보다도 오히려 SIV에 가깝다는 것이다. 이들 사실을 종합하여 생각할 때 사람과 원숭이의 바이러스는 공통의 조상으로부터 시작하여 옮아가거나 옮아오던 시대를 거쳐 진화해 온 것인지도 모를 일이다. 그 진화 과정에서 아프리카 야생 녹색원숭이는 AIDS 바이러스에 감염되어도 발병하지 않는 저항기구를 획득한 것으로 생각된다.

AIDS의 치료는 아직 어렵다

현재 AIDS를 치료한다는 것은 매우 어렵다. 그러나 전술한 바와 같이 AIDS 바이러스의 분자생물학적인 연구가 진전된 결과 바이러스 증식 사이클 등의 성질이 상당히 알려지게 되었다. 그러므로 AIDS의 치료가 전혀 불가능한 것은 아니다. 지금까지 (1) 바이러스가 숙주세포에 결합하는 단계를 저해하는 방법, (2) 역전사효소의 작용을 저해하는 방법, (3) 바이러스의 단백질 합성을 억제하는 방법, (4) 바이러스 단백질로부터 당을 자르는 효소 작용을 억제하는 방법, (5) 바이러스의 출아를 감소시키는 방법 등이 여러 가지로 시도되었다.

(1)의 방법의 약제는 AIDS 바이러스의 표면에 존재하는 'gp 120'이라는 당단백질이 T4 림프구 세포의 'CD4'라는 당단백질과 결합하는 단계에 작용한다. 즉, AIDS 바이러스가 T4 세포에 결합하는 최초의 단계를 저지하는 방법인 것이다. 그 한 가지는 바이러스에 결합하는 항체를 찾아서 그것을 클론(Clone)화하고 모노클론 항체(Monoclonal Antibody)를 만드는 것이다. 실제로 이 모노클론 항체에 의해서 일부 AIDS 바이러스주가 중화되었다. 다른 한 가지는 T4 세포의 CD4에 대한 항체와 결합하는 항체를 만드는 것이다. 이것은 항이디오타입 항체(Anti-Idiotype Antibody)라고 하며 CD4에 대한 모노클론 항체가 gp120의 CD4 결합 부위와 흡사하므로 항CD4 항체의 결합 부위(이디오타입)에 대한 항체(항이디오타입)는 gp120과 결합한다는 사고방식이다. 미국과 영국의 두 연구 그룹에 의해서 실제로 항이디오타입 항체가 작성되어 시험관 내에서 AIDS 바이러스와 결합한다는 것이 확인되었다.

　최근 AIDS에 걸려 있으면서 2~3년간 항체가 음성 그대로인 감염자가 상당히 있다는 것이 알려지게 되었다. 이와 같은 AIDS를 사일런트 AIDS(침묵의 AIDS)라고 한다. 현재 AIDS의 감염 여부나 헌혈 등의 검사는 AIDS 항체를 표적으로 하고 있다. 이와 같은 검사 방법으로는 항체가 음성인 경우는 걸려들지 않는다. 이후 AIDS의 확인 체제의 재검토가 필요하게 되었다.

　제2의 역전사효소의 활성을 저해하는 방법은 바이러스 RNA로부터 DNA가 합성될 때 합성 원료에 구조가 유사한 화합물을 미리 가해 두면 효소가 잘못 알고 끌어들임으로써 DNA 합성이 정지해 버리는 것을 이용하고자 하는 것이다. 예컨대, AZT(3′-Azide-2′, 3′-Deoxythymidine, 〈그림 5-9〉)는 세포 내에서 인산화되어 5′-3 인산체로 변화한다. 이것을 역전사효소가 잘못하여 끌어들이면, 이 AZT는 3′ 위치에 수산기를 지니고 있지 않으므로 그 이상 데옥시뉴클레오티드는 연결되지 못하며, 그 결과 DNA 합성이 정지하여 버린다. AZT는 미국 국립 암연구소의 미쓰야(滿屋格明) 씨 등에 의해서 개발되어 실제로 임상의 약으로서 사용되고 있으며 AIDS 환자의 생존 기간을 연장하거나 내재성 기회 감염(환자의 면역계 붕괴에 기인하여 일어나는 병원성이 낮은 미생물에 의한 감염증을 말함)을 감소시킨다는 것이 확인되고 있다. 그러나 골수에 대해서 독성을 나타내며 적혈구가 감소하여 빈혈을 일으키는 등 부작용의 문제도 있다. 또한 극히 최근, 위의 미쓰야 씨 등에 의해서 부작용이 AZT보다 훨씬 적은 DDI(Dideoxyinosine, 〈그림 5-9〉 참조)가 개발되어 임상시험에서 눈부신 효과를 내고 있다는 것이 확인되고 있다.

　현재 AIDS 치료제로서 임상에서 사용되고 있는 것은 제2의

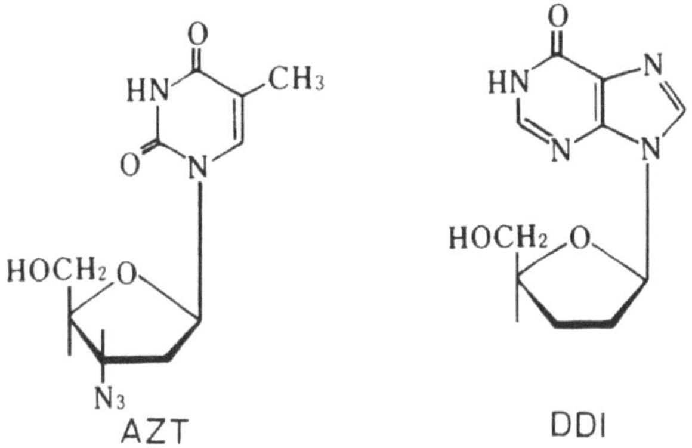

〈그림 5-9〉 AIDS 바이러스의 저해제인 데옥시뉴클레오티드류

역전사효소의 작용을 저해하는 AZT뿐이다. 그러나 전술한 바와 같이 AIDS 바이러스의 증식을 저지하는 갖가지 시도가 이루어지고 있으며 그 약제의 개발이 급속도로 진행되고 있다. 또한 극히 최근 교토대학의 하타나카 씨에 의하여 세포 핵 속의 RNA 합성 공장인 핵소체(核小體)에 존재하는 핵소체 시그널이라는 물질이 AIDS 바이러스의 증식과 관계하고 있다는 것이 발견되었다. 이후 핵소체 시그널을 제어함으로써 바이러스의 증식을 저지하는 것도 가능하게 될 것으로 기대되고 있다.

암 바이러스

암 바이러스의 발견

1911년 라우스(F. P. Rous)는 닭의 육종(肉腫, Sarcoma)으로부터 암(癌) 바이러스를 처음으로 발견하였다. 오늘날 암 바이러스는 라우스 살코머 바이러스(Rous Sarcoma Virus, RSV)라고 불리고 있다. 라우스는 이 업적으로 인하여 후에 노벨상을 받았다.

지금까지 많은 암 바이러스가 발견되고 있다. 암 바이러스에는 DNA를 유전자로 지니는 것, RNA를 유전자로 지니는 것이 알려져 있다. RNA 암 바이러스에는 육종 바이러스, 백혈병 바이러스, 유암(乳癌) 바이러스 등이 있다. RNA를 지니는 암 바이러스는 현재로서는 레트로바이러스뿐이다.

RNA 암 바이러스는 4가지의 정보를 지니고 있다. 즉, 개그 단백질(Gag, Group Specific Antigen: 군특이항원), 역전사효소(RNA 의존 DNA 합성효소, RT, Pol), 외피(Coat)단백질(env), 암 단백질(src)이 그것들이다.

암 바이러스의 유전자

RSV의 입자는 약 100㎚의 이중막 구조를 갖는 외피로 둘러싸여 있는 구형 입자로서 중앙에 뉴클레오이드(Nucleoid)라는 중심핵이 있다. 외피에는 개그 단백질, 뉴클리오이드에는 유전자의 RNA와 역전사효소가 함유되어 있다. RSV의 유전자 구조는 5′ 말단에서부터 개그 단백질, 역전사효소, 외피단백질, 암 단백질인 src 순으로 배열되어 있다. 3′ 말단에는 약 200염기 길이의 폴리(A)의 꼬리가 붙어 있다.

RSV는 AIDS 바이러스와 마찬가지 체계로 세포에 감염되고 증식한다. 세포 표면에 흡착한 바이러스가 세포 내에 취입되어 자기 자신이 지니고 있는 역전사효소에 의해서 자기의 RNA를 주형으로 하여 상호 보완적인 (-)가닥의 DNA를 합성한다. 다음으로 이 (-)가닥의 DNA를 주형으로 하여 (+)가닥의 DNA를 합성하며 직쇄상(直鎖狀)의 프로바이러스가 된다. 프로바이러스는 다시 환상(環狀)이 되어 세포의 핵에 옮아가 염색체의 DNA에 융합된다. 프로바이러스의 양단에는 LTR(Long Terminal Repeat)이라고 불리는 긴 반복배열(反復配列)을 지니고 있다. LTR은 바이러스게놈의 전사의 개시와 종결에는 필수적인 시그널이며, 숙주의 DNA에 융합될 때에도 중요한 역할을 담당하고 있다.

암 단백질

암 바이러스의 특징은 src와 같은 암 단백질을 합성할 수 있는 유전자를 지니고 있다는 것이다. 암 유전자는 온코진(Oncogene)이라고 불린다. src는 암 유전자의 산물로서 처음으로 동정(同定)되었다. 지금까지 60종류나 되는 암 유전자가 밝혀지고 있다. 캘리포니아대학의 비숍(Bishop)과 바마스(Varmus)는 src와 똑같은 것이 닭의 정상세포에도 존재한다는 것을 처음으로 증명하였다. 이 사실로 인하여 암 유전자가 원래는 동물이나 사람의 정상세포의 유전자이며 그것을 바이러스가 끌어들여 돌연변이로 활성화한 것이라는 것이 밝혀지게 되었다. 이것은 인간 이외의 동물의 암 바이러스에만 관계하는 것으로 생각되었던 암 유전자가 사람의 암에도 관계한다는 것을 알게 된 충격적인 발견이었다. 그들은 이 업적으로 1989년 노벨 생리의학상을 받았다.

암 유전자를 지닌 바이러스는 정상세포를 쉽게 암화(癌化)할 수 있다. RSV는 증식에 필요한 유전자와 암 유전자 양쪽을 갖고 있으나 일반적인 레트로바이러스는 암 유전자를 유전자의 재조합에 의해서 획득한다. 예컨대 증식에 필수적인 유전자(개 그 단백질, 역전사효소, 외피단백질) 중의 어느 것인가를 상실하고 새로운 암 유전자를 획득한다. 이와 같은 바이러스는 자기 스스로 증식하는 유전자를 지니고 있지 않은 결손(缺損) 바이러스로서 헬퍼 바이러스(Helper Virus)라고 불리는 다른 바이러스의 도움이 필요하다. 또한 암 유전자를 갖지 않은 바이러스도 있다. 이와 같은 바이러스는 세포를 즉시 암화시킬 수는 없고 긴 시간에 걸쳐서 암화시킨다.

RSV의 암 유전자에 의해서 코드화(암호지령)되고 있는 암단백질은 530개의 아미노산으로 이루어져 있으며 분자량은 58,449로서 인산화되어 있다. 세포 내에 인산화되어 있는 단백질이 존재한다는 것은 지금까지 많이 알려져 있다. 대부분의 경우 아미노산의 세린과 트레오닌이 인산화되어 있다. 놀라운 사실은 RSV의 암단백질은 단백질의 인산화반응의 촉매가 되는 프로테인 키나아제(Protein Kinase)라는 효소활성을 갖고 있다는 점을 알게 된 것이다. 일반적으로 단백질이 인산화되거나 탈인산화되면 단백질의 기능이 변화한다. 예컨대 막단백질의 경우에는 단백질이 인산화됨으로써 막 투과성이 변화하거나 하며, 핵단백질의 경우에는 유전자의 발현이 변화하거나 하는 것이 알려져 있다. 그러므로 암단백질이 갖가지 단백질을 인산화하여 그 형상이나 기능을 변화시켜 암화로 인도하고 있을 가능성이 높다.

사람은 누구나 암 유전자를 갖고 있다

암화의 원인은 레트로바이러스가 생산하는 암 단백질에만 있는 것은 아니다. 전술한 바와 같이 각종 생물은 암 유전자를 자기 스스로 갖고 있다는 것이 알려져 있다. 레트로바이러스가 세포에 감염되어 바이러스의 유전자가 세포의 암 유전자 근처에 융합되면, 지금까지 잠자고 있던 암 유전자가 활성화되어 암이 되는 예도 있다.

사람의 방광암에서는 암 유전자가 발견되고 있다. 방광암에 걸려 있지 않은 정상세포에서도 유사한 구조의 유전자〔프로토(Proto)암 유전자〕가 발견되었다. 또한 이 사람의 암 유전자는 RNA 암 바이러스가 가진 암 유전자와도 유사성을 가진다는 것이 밝혀졌다. 랫(Rat)의 하베이(Harvey) 육종 바이러스의 암 유전자(Ras)와 유사하다는 것이다. 그러므로 이 사람의 암 유전자는 Ras 유전자라고도 불린다. Ras 유전자는 사람의 방광암에서뿐만 아니라 유암, 결장암, 간암, 폐암, 췌장암 등에서도 발견되고 있다. 암 유전자와 프로토 암 유전자의 양자는 p21이라는 분자량 21,000의 단백질을 코드화하고 있다. 양자의 유전자로부터 만들어지는 단백질의 아미노산을 비교해 보면 N 말단으로부터 12번째의 아미노산이, 프로토 암 유전자에서는 글리신이며 암 유전자에서는 발린, 아르기닌이나 리신으로 바뀌어 있었다. 또한 암 유전자에서는 13번째, 59번째, 61번째의 아미노산도 때때로 변해 있는 것들이 있다.

이처럼 프로토 암 유전자로부터 암 유전자로의 변화는 단백질의 단 1개 또는 2개 아미노산의 치환에 의한 변이임이 알려지게 되었다. 정상적인 p21은 GTP(구아노신 5′-3인산)를 GDP

(구아노신 5′-2인산)에 가수분해하는 GTPase 활성을 지니고 있다. p21은 GTP가 결합한 상태로서 시그널의 메신저로서 작동한다. 한편 암 유전자 유래의 변이된 p21은 낮은 GTP-ase 활성밖에 갖지 못하였다. GTPase 활성이 낮으면 GTP가 언제나 결합한 상태 그대로 시그널을 항상 계속 보내게 되는 것이다. 그렇게 함으로써 세포의 암화를 일으키는 것으로 생각된다. 최근 이 p21 단백질의 3차 구조가 국립 암센터의 니시무라(西村遷) 씨, 홋카이도대학의 오쓰카 씨, 캘리포니아대학의 킴(Kim) 등의 공동 연구에 의해서 명백해졌다. 그 결과 12번째의 글리신은 GTP의 결합 부위에 존재한다는 것을 알게 되었으며 GTP의 결합능과 아미노산 치환의 관계가 명백해졌다.

그 외에 갖가지 암 유전자의 산물이 밝혀지고 있다. 예컨대, 세포증식 인자, 세포증식 인자의 수용체, 단백질 중의 세린과 트레오닌을 인산화하는 키나아제(Kinase)라는 효소 등이다.

이처럼 암은 암에 관계하는 유전자에 여러 변이가 축적하여 세포가 증식의 제어능력을 상실하여 버릴 때 야기되는 유전자의 질병이다. 암에 관계하지 않은 유전자는 몇 가지의 변이가 일어난다고 하여도 암이 되지 않는다. 또한 암은 X선이나 γ선 등의 방사선, 벤즈피렌(Benzpyrene) 같은 발암물질 등에 의해서도 야기된다. 이들의 경우에도 모두 암에 관여하는 유전자에 돌연변이를 일으키기 때문에 암화하는 것으로 이해되고 있다. 이후는 이처럼 생산된 이상단백질의 구조나 작용 체계의 연구가 암 연구에 있어 중요하다고 생각된다.

바이러스는 숙주세포가 없으면 생존할 수 없다. AIDS 바이러스의 경우에는 너무나 격렬하게 증식하므로 T4 림프구를 죽여 버리는 것이다. 그러나 암 바이러스는 자신의 숙주를 절대 죽이지 않는다. 공존공영을 즐기는 것이다. 이것은 암 바이러스의 특징이다. 어느 쥐나 백혈병 바이러스를 지니고 있다. 이 사실에는 쥐가 백혈병 바이러스에 감염되기 쉬울 뿐만 아니라 레트로바이러스를 갖고 있음이 증식에 유리하게 작용해 왔다는 가능성이 있다. 실제로 쥐의 백혈병 바이러스에 의해서 만들어지는 개그 단백질 중에는 쥐 태아기의 발생, 분화에 수반하여 나타나며 쥐의 성장에 중요한 역할을 하고 있다고 생각되는 것도 있다. 이처럼 레트로바이러스는 오랫동안 종(種)의 보존, 번영이나 진화에 밀접하게 관련되어 왔다.

6장

RNA 촉매, 리보자임

자기 '스플라이싱'하는 RNA

자기 스플라이싱의 발견

진핵생물의 유전자에서는 단백질을 코드화하는 DNA의 뉴클레오티드 배열(엑손)이 단백질을 코드하지 않는 뉴클레오티드 배열(인트론)로 분단되어 있다. 인트론의 부분은 DNA로부터 RNA로 전사된 후 절단되어 버리고 엑손 부분끼리만 연결된다. 이 절단과 연결 과정을 '스플라이싱'이라고 한다.

1981년 체크 등은 섬모를 갖는 원생동물의 일종인 테트라히메나의 리보솜 RNA 유전자의 연구 과정에서, 구아노신이나 마그네슘 이온을 함유한 용액 중에서는 전구체 리보솜 RNA 중의 인트론이 단백질의 존재 없이 절단되어 버리고 나머지 엑손 양단이 결합(스플라이싱)한다는 것을 발견하였다. 이들 일련의 반응은 인산 디에스테르 결합의 수에 변화를 일으킬 수 없는 인산 디에스테르 결합의 교환반응에 의해서 일어나고 있다. 〈그림 6-1〉에서 보는 바와 같이 우선 제1단계로서 구아노신의 3′ 수산기가 인트론 절단 부위의 인산 디에스테르 결합의 5′ 말단을 공격한다. 그리하여 남은 엑손의 3′ 말단에 수산기를 남겨 인트론-엑손 간의 절단과 구아노신 잔기의 3′ 말단에 대한 부가가 일어난다. 제2단계에서는 상류 측 엑손의 3′ 말단의 수산기가 아직 연결된 다른 한쪽의 인트론-엑손 간(3′ 스플라이싱 부위)의 인산 디에스테르 결합을 공격하여 가닥의 절단을 일으킨다. 결과로서 414 잔기의 인트론이 잘려 나가는 것과 동시에 나머지 엑손 간의 재결합이 일어난다는 체계이다. 잘려 나간 엔트론은 3′ 말단 구아노신의 3′ 수산기가 5′ 말단 가까이

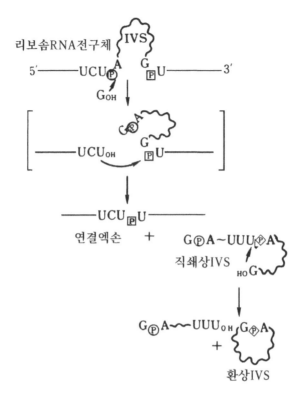

〈그림 6-1〉 테트라히메나의 리보솜 전구체의 자기 스플라이싱.
IVS는 인트론을 의미함(Zaug 등, 1983)

있는 인산 디에테르 결합을 공격하여, 15쇄장(鎖長) 또는 19쇄
장의 올리고머(Oligomer)를 방출하고 나머지는 환화(環化)한다.
이 환화된 분자는 L-15IVS, L-19IVS라고 불린다. 이들은 15
혹은 19뉴클레오티드만큼 없어진 인트론이라는 의미이다.

리보자임

체크는 자기 자신에게 작용하는 RNA 촉매를 리보자임이라고

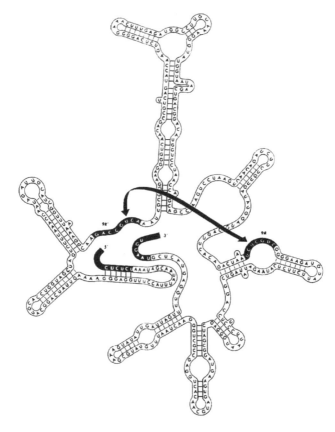

〈그림 6-2〉 테트라히메나의 자기 스플라이싱하는 RNA 촉매의 이중
구조. 9R와 9R′ 사이에서 염기쌍을 형성함으로써 복잡
한 3차 구조를 취함(Cech, 1986)

명명하였다. 환상 구조를 거쳐 자기 스플라이싱하는 리보자임
은 '그룹 I의 인트론'으로 분류된다. 〈그림 6-2〉에 리보자임의
2차 구조를 나타내었다. 9R와 9R′ 영역 간에서와 같이 멀리
떨어진 영역 간의 상호작용도 존재하며, 더욱 복잡하게 3차원

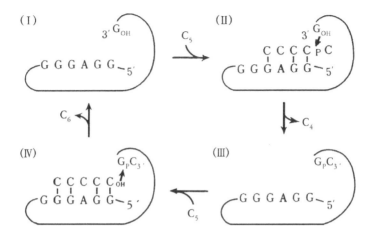

〈그림 6-3〉 리보자임에 의해서 촉매되는 중합반응(Cech, 1986)

의 접힌 구조를 취할 수 있게 된다. 아미노산이 연결된 폴리펩
티드 가닥의 접힌 구조가 단백질효소의 촉매활성 발현에 필요
하다는 것과 마찬가지로, RNA의 폴리뉴클레오티드 가닥의 접
힌 3차원 구조가 스플라이싱의 활성 발현에 필요하다. 구아노
신과 인트론 간에는 5개의 수소결합이 예상된다. 구아노신 1인
산, 구아노신 2인산, 구아노신 3인산 등도 구아노신과 같은 정
도의 활성을 지니고 있다. 그러나 리보오스 부분의 2′나 3′ 수
산기가 없거나 수식되었다면 활성이 없어지는 것으로 미루어,
리보오스 부분의 존재는 필수적이다. 핵산 염기 부분에서는 관
능기(官能基)가 전혀 없는 푸린이나 2위의 아미노기가 수산기로
변환된 크산틴(Xanthine)에서는 활성이 전혀 없으므로, 사이토
신과 수소결합하는 부분은 필수적임을 알 수 있었다. 그러나 7
위의 질소는 메틸화하여도 활성은 별로 변화하지 않는다.

리보자임은 중합능력을 지니고 있다

지금까지 리보자임은 자기 자신의 절단, 연결반응의 촉매가 되는 것이 밝혀지게 되었는데 다른 반응에 대해서도 촉매가 된다는 것이 시현되었다. 〈그림 6-3〉에서 보는 바와 같이 인트론 (L-19 IVS)이 GGAGGG의 가이드 배열 부분에 상호 보완적인 염기배열을 갖는 다른 분자, 예컨대 시티딜산의 5량체(5量體)를 가지고 오면 결합하여 반응이 일어나며 인트론의 3′ 말단에 있는 구아노신에 말단의 시티딜산이 1개 결합한다. 시티딜산의 4량체 대신 시티딜산의 5량체가 가이드 배열에 결합하여 인트론의 3′ 말단에 형성된 시티딘과 구아노신 간의 인산 디에스테르 결합을 공격하면 시티딜산의 6량체가 생긴다. 또한 이것이 기질로 되어 가닥이 연장되며 시티딜산의 5량체를 출발 물질로 사용한 경우 최고 10량체까지 신장한다. 우리딜산의 6량체를 기질로 사용한 경우에는 극히 소량의 7량체가 검출될 뿐이다. 올리고아데닐산이나 올리고구아닐산은 기질이 되지 못한다. 이 반응은 폴리머라아제 반응이라고 하나 본질적으로는 분해와 합성이 상보적으로 동시에 일어나는 불균형 반응이며, 가닥의 신장은 그리 기대할 만하지 못하다. 또한 pH4~5에 있어 인트론에 붙은 인산을 천천히 가수분해하는 산성 포스퍼타이제 활성도 갖는다. 또한, L-19 IVS는 인산기 전이반응이나 RNA 제한효소 활성을 지니고 있다. 그러나 이들 원리는 모두 같은 것이다.

최근 테트라히메나의 rRNA의 그룹 Ⅰ 인트론의 자기 스플라이싱은 역반응도 일어난다는 것이 알려지게 되었다. 즉, 짧은 올리고뉴클레오티드를 연결 엑손으로서 가하면, 연결 엑손은 둘로 분단되며 그 사이에 인트론이 연결, 삽입된다(그림 6-4).

이 자기 스플라이싱의 역반응은 RNA와 마그네슘 이온의 농도와 온도가 높고 또한 구아노신이 존재하지 않으면 잘 진행된다. 이 경우 5′ 측의 엑손은 인트론의 내부 가이드 배열과 상보적인 염기쌍이 형성되는 것이 필요하나 3′ 측의 엑손은 그럴 필요가 없다. 또한 테트라히메나의 인트론은 β-글로빈의 mRNA와도 역스플라이싱 반응을 일으키며 그 속으로 잠입한다는 것이 증명되었다.

이 결과는 그룹 I 인트론이 이종(異種)의 RNA에 전이될 수 있다는 것을 의미하고 있다.

원핵생물에서는 그룹 I 인트론은 지금까지 대장균의 T4 박테리오파지의 유전자에서만 발견되고 있다. T4의 유전자 중 3종류가 테트라히메나의 rRNA의 인트론과 같은 자기 스플라이싱을 행하는 인트론을 지니고 있다. 그 유전자 중의 둘은 리보뉴클레오티드로부터 데옥시리보뉴클레오티드를 만드는 효소의 디미딜

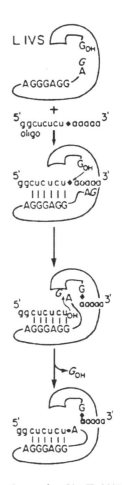

〈그림 6-4〉 역스플라이싱 반응(Woodson 등, 1989)

산 합성효소와 리보뉴클레오티드 2인산 환원효소의 서브 유닛을 코드화하고 있다. T4는 숙주세포에 감염되어 앞서 기술한 바와 같이 역스플라이싱과 같은 기구에 의해서 인트론을 획득하였는지도 모를 일이다. 균류의 미토콘드리아는 자기 스플라

이싱하는 인트론을 갖고 있으므로 T4는 미토콘드리아에 감염되어 인트론을 획득하였는지도 모를 일이다.

그룹 I에 속하는 자기 스플라이싱하는 인트론에는 그 외에 붉은빵곰팡이의 시토크로뮴 b 전구체 mRNA의 제1 인트론, 효모 미토콘드리아의 전구체 rRNA의 인트론, 효모의 시토크로뮴 옥시다아제의 제3, 제5 인트론, 붉은빵곰팡이, 옥곰팡이, 효모 등 미토콘드리아의 인트론, 완두콩이나 옥수수 등 식물 엽록체 게놈 중의 tRNA 유전자 등이 있으며, 현재까지 약 30종 정도 발견되고 있다. 이처럼 그룹 I의 인트론에는 rRNA, mRNA, tRNA 등의 인트론이 포함되나 그 대부분은 미토콘드리아나 엽록체 등 세포 내 소기관의 RNA이다. 생물종으로서는 파지, 곰팡이, 효모, 원생동물, 완두콩, 옥수수 등 여러 갈래에 걸쳐 있다.

그룹 II 인트론

한편, 올가미형 구조를 거쳐 자기 스플라이싱하는 인트론도 존재하며 '그룹 II의 인트론'이라고 한다. 예컨대, 효모 미토콘드리아의 시토크로뮴 옥시다아제 전구체 mRNA의 인트론은 자기 스플라이싱한다. 이 인트론은 구아노신이 아니고 폴리아민을 보조 인자로 요구한다. 그룹 II의 인트론의 스플라이싱은 2단계의 인산 디에스테르 전이반응에서 이루어진다. 제2단계의 반응은 그룹 I에서와 II에서도 마찬가지이다. 그러나 제1단계에서는 그룹 II 인트론은 구아노신 대신에 특정 뉴클레오티드의 2′ 수산기가 구핵공격(求核攻擊)하여 2′, 5′인산 디에스테르 결합의 분지 구조를 형성한다(그림 6-5).

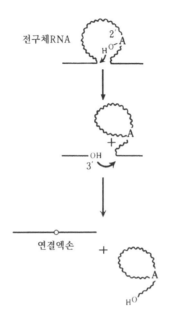

<그림 6-5> 그룹Ⅱ 인트론의 스플라이싱

그룹 Ⅱ의 인트론은 주로 곰팡이나 효모의 미토콘드리아와 식물 엽록체의 것으로 그리 일반적인 것은 아니다. 이 올가미 형의 중간체는 핵 내의 전구체 mRNA 스플라이싱의 중간체와 마찬가지이다.

리보뉴클레아제 P

리보뉴클레아제 P는 tRNA의 전구체를 절단한다

전이 RNA(tRNA)는 그 대응하는 유전자로부터 전구체 tRNA 로서 전사된 후, 5′와 3′의 양단이 가지런히 잘린 성숙 tRNA

가 된다. 리보뉴클레아제 P는 전구체 tRNA의 5′ 측을 절단하는 엔도뉴클레아제이다(그림 6-6). 리보뉴클레아제 P가 생체 내에서 엔도뉴클레아제 활성을 나타내기 위해서는 RNA 성분과 단백질 성분의 양자가 필요하다고 생각되고 있었다. 1983년 알트만 등은 페이스의 그룹과 더불어 대장균이나 고초균의 리보뉴클레아제 P의 RNA 성분이 시험관 내의 반응에서 전구체 tRNA를 바른 위치에서 절단한다는 것과, 단백질에는 절단하는 활성이 없다는 것을 발견하였다.

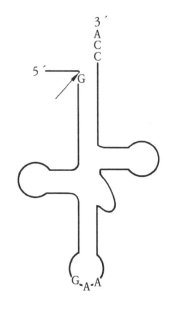

〈그림 6-6〉 리보뉴클레아제 P에 의한 tRNA 전구체의 절단. 화살표는 절단 부위를 표시함

리보뉴클레아제 P의 구조

대장균과 고초균의 뉴클레아제 P는 RNA 성분과 단백질 성분(분자량 14,000)으로 이루어져 있는 리보핵단백질이다. RNA 성분은 대장균의 경우 M1 RNA, 고초균의 경우는 P RNA라고 불린다. M1 RNA는 377개의 뉴클레오티드로 이루어져 있으며 그 염기배열은 알트만의 그룹에 의해서 최초로 발표되었다. 그러나 그 배열에는 오류가 있어서 그 후에 교토대학의 시무라(志村脩郞) 씨 그룹에 의해서 올바른 배열이 결정되었다.

마그네슘 이온 등의 고염농도와 단백질 성분의 존재는 리보뉴클레아제 P의 절단 활성에 필요하다. 염농도를 증가시키면 RNA 성분과 기질의 tRNA의 친화성이 증대한다. 효소와 기질 tRNA 사이 음이온끼리의 반발은 양이온이나 단백질 성분이 존재함으로써 차폐(遮蔽)된다. RNA 성분보다 단백질 성분은 염기성으로 크기도 작다. 생리적 조건하에는 단백질 성분이 효소와 기질의 전하(電荷)의 부분적인 중화에 기여하고 있다. 그러나 RNA 성분만으로 촉매활성을 나타내는 고염농도에서는 양이온이 촉매와 기질의 양쪽 RNA의 음하전을 특이적으로 중화하여, 분자 간의 반발을 약화하며 생성물과 촉매 표면의 촉매 시간을 증대시키는 역할을 하고 있다.

촉매가 작용하는 장소

알트만 등은 M1 RNA를 바싹 잘라내어 어느 부위에 촉매활성이 있는가를 조사하였다. 5′ 말단의 1번째에서 165번째까지 길이의 RNA는 촉매활성을 전혀 갖고 있지 않았다. 1번째부터 255번째까지 길이의 RNA는 활성을 지니고 있었다. 그러나 70~384와 104~290 길이의 RNA는 활성을 갖고 있지 않았다. 이들 결과 때문에 그들은 165번째부터 255번째 사이와 그 양단에 촉매의 활성 중심이 존재하는 것으로 추정하고 있다.

교토대학의 시무라 씨 등은 갖가지 대장균 M1 RNA 변이체를 만들어 그들의 촉매능과 단백질 결합성을 조사하고 있다. 5′ 말단의 89번째와 365번째에 G→A의 염기치환을 하는 변이체는 이들 영역에서 염기쌍을 만드는 일이 불가능해지기 때문에, 고온에서는 불안정해져 활성을 소실한다. 또한 이 변이체는 저온에서 단백질과 회합하기 어렵게 되어 버린다. 329번째에

G→A의 염기치환을 하는 변이체도 리보뉴클레아제 P 활성이 현저하게 저하되어 버린다. 이들 결과로 미루어 89번째 근처는 단백질과 회합하는 부위와, 329번째는 촉매 부위와 관계하고 있는 것으로 생각되고 있다.

리보뉴클레아제 P의 2차 구조의 공통성

대장균과 고초균으로부터의 리보뉴클레아제 P의 RNA 성분을 서로 교환하여도 촉매활성은 발현된다. 대장균의 RNA 성분은 377뉴클레오티드로, 고초균의 RNA 성분은 400~401뉴클레오티드로 이루어지며 양자의 공통 염기배열을 지니는 비율(상동성)은 43%로 낮다. 일반적으로 RNA의 1차 염기배열의 상동성으로 미루어 2차 구조의 공통성을 추정할 수가 있다.

예컨대, 대장균과 고초균 16S의 리보솜 RNA의 1차 염기배열에 비하면 76%로 상동성이 높다. 리보뉴클레아제 P가 현재 생물의 tRNA 프로세싱에 필수적인 것으로서 또한 보존되어 있다는 것과 대장균 및 고초균에서 RNA 성분의 호환성(互換性)이 있다는 것으로 미루어 생각할 때, 1차 구조의 상동성은 낮다하더라도 그 2차 구조에는 공통성이 있는 것으로 생각된다. 대장균과 고초균은 둘 다 진정(眞正)세균에 속하나 16S 리보솜 RNA의 염기배열과 2차 구조에서는 고초균은 그람 양성균문으로, 대장균은 홍색세균의 동류로 분류되어 있다.

고초균과 대장균의 2차 구조를 비교하여 보면 놀라울 정도로 유사하다는 것을 알 수 있다(〈그림 6-7〉의 좌, 우). 핵(코어)으로부터 돌출한 머리핀 구조의 길이, 위치 등 다소 다른 곳도 있으나 핵의 골격은 매우 흡사하다. 이와 같은 2차 구조의 형성

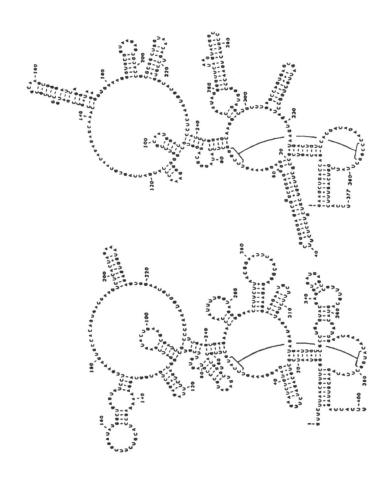

〈그림 6-7〉 고초균(좌)과 대장균(우)의 리보뉴클레아제 P의 RNA 성분의
2차 구조의 비교

에는 종래 생각되고 있던 것과 같은 G/C와 A/U 이외의 대합
(對合), 예컨대, G/G, A/C, G/A, U/U, C/U와 같은 불규칙한
대합도 고려된다. 이와 같은 불규칙한 대합은 나선상 구조를

반드시 불안정하게 하는 것은 아니다. 실제로 tRNA나 rRNA에는 A/C나 G/A의 대합이 일반적으로 있게 된다. tRNA에서는 300염기당 1개의 비율로 U/U 대합 구조가 존재한다. 극히 최근에 G/G의 대합이 진핵생물 염색체 DNA 말단의 '텔로미어(Telomere)'라는 구조 중에서 발견되고 있다. 또한 리보뉴클레아제 P의 RNA에는 머리핀 구조뿐만 아니라 2장에서 기술한 바와 같은 가매듭의 구조도 존재할지 모른다.

대장균이나 고초균 이외의 생물에서도 리보뉴클레아제 P의 RNA 성분이 분리되어 그 1차 구조와 2차 구조가 조사되고 있다. 맥주효모(Saccharomyces Cerevisiae), 쥐티푸스균(Salmonella Typhimurium), HeLa 세포로부터의 리보뉴클레아제 P의 RNA 성분 2차 구조를 비교하여 보면 서로 매우 흡사하다는 것을 알수 있다.

페이스 등은 대장균과 고초균(Bacillus Megaterium)과 리보뉴클레아제 P의 RNA 성분 2차 구조를 비교하여, 양자의 공통 배열을 남기고 공통성이 없는 배열을 제거한 단순한 RNA를 디자인하였다(그림 6-8). 이 RNA는 263뉴클레오티드로 이루어져 있으며 원래의 417뉴클레오티드에 비하면 상당히 짧다. 이 짧은 RNA는 원래의 RNA와 거의 같은 정도의 리보뉴클레아제 P 활성을 지니고 있었다.

리보뉴클레아제 P의 2차 구조의 공통성은 전구체 tRNA와 결합하여 절단하기 위해서, 또한 단백질 성분과의 결합에 필요하기 때문에 보존되어 있다고 생각된다. 세포 내에서는 단백질이 일반적으로 촉매로 사용되고 있다. 단백질이 RNA를 인식하여 결합함으로써 촉매작용을 나타낸다. 전술한 바와 같이 자기

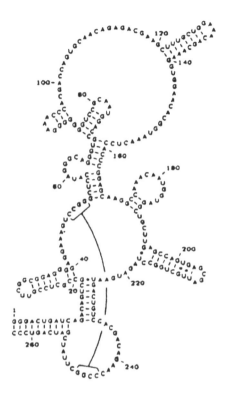

〈그림 6-8〉 263 뉴클레오티드로 이루어진 보다 간단한 리보뉴클레아제 P
의 RNA 성분 2차 구조

스플라이싱하는 리보자임의 경우에는 다른 인자를 요구하지 않
고, 자기 자신이 자기를 절단하고 연결하는 분자 내 자기 촉매
이다. 그러나 리보뉴클레아제 P의 경우에는 분자 간의 반응에
촉매가 되므로 진짜 효소이다.

리보뉴클레아제 P는 단백질 합성 장치가 충분히 확립되지 못
하였던 시절 RNA 월드의 면모를 남기는 화석인지도 모를 일
이다.

자기 절단하는 RNA

바이로이드는 최소의 병원체

바이로이드(Viroid)는 250~400뉴클레오티드로 이루어지는 외가닥의 환상 RNA이다. 단백질의 껍질을 지니지 않은 나상(裸狀)의 RNA이다. 1971년 디너(Diener) 등에 의해서 감자가 가늘고 길어지는 질병인 '감자 말라깽이병'의 병원체로서 처음으로 분리되었다.

바이로이드는 현재까지 알려진 가장 작은 병원체이다. 지금까지 감자 말라깽이병 바이로이드(Potato Spindle Tuber Viroid, PSTV)나 아보카도 선브로치 바이로이드(Avocado Sunbloch Viroid) 등 수십 종류가 분리되고 있다. 바이로이드는 전자현미경으로 관찰하면 막대기 모양을 하고 있으나 변성되면 환상 구조가 된다.

또한 바이러소이드(Virusoid)도 바이로이드와 흡사하여 외가닥의 환상 RNA로 이루어져 있으며 RNA 바이러스 중에 존재한다. 단독으로는 감염성이 없다. 이들 환상 RNA는 '롤링서클 모델(Rolling Circle Model)'이라는 체계로 복제된다.

우선 (+)가닥의 환상 RNA로부터 이 환상 RNA의 단위가 몇 개이든 직렬로 연결된, (-)가닥의 다량체가 만들어진다. 이 다량체는 절단된 후 RNA 리가아제라는 연결효소로 연결되며 (-)가닥의 환상 RNA가 된다. 또한 (-)가닥이 절단, 연결에 의해서 환상이 되지 않고, 직쇄(直鎖)의 다량체 그대로 (+)가닥의 주형으로 되어 있다고 생각되는 예도 있다. 더욱이 이 (-)가닥의 환상 RNA를 주형으로 하여 (+)가닥의 다량체가 생긴다. 이 다량체가 환상 RNA의 길이로 절단되고 RNA 리가아제로 연결되어

(+)가닥의 환상 RNA가 됨으로써 복제가 완성된다. 환상 RNA(Circle) 주위를 회전(Rolling)하는 것처럼 하여 직쇄상의 다량체가 복제되므로 롤링서클이라고 한다.

바이로이드 RNA는 자기 절단한다

몇 가지의 바이로이드, 바이러소이드나 영원(도롱뇽의 일종)의 부수(Satellite) DNA의 전사물(새틀라이트 RNA)에서는 그 절단이 자기 자신에서 일어난다는 것이 알려져 있다. 영원의 새틀라이트 DNA는 주 DNA 중에 존재하는 반복배열 영역의 DNA이다. 이 자기 절단반응에는 마그네슘 이온과 같은 2가 (+)이온이 필요하며, 절단된 3′ 말단은 2′, 3′-환상 인산이, 5′ 말단은 수산기가 된다. 자기 절단을 일으키는 바이로이드, 바이러소이드, 새틀라이트 RNA의 염기배열과 2차 구조를 비교하여 보면 매우 흡사하다는 것을 알 수 있다(그림 6-9). 3개소의 염기대합에 의해서 형성되는 내부 루프 구조에 연하여 17 뉴클레오티드 배열이 잘 보존되어 있다(〈그림 6-9〉의 박스 내 뉴클레오티드). 자기 절단을 일으키는 부위도 이 속에 있다. 그 외에 공통 구조는 찾아 볼 수 없다. 이 공통의 2차 구조는 '해머헤드(Hammer-Head) 구조'라고 불린다.

울렌벡(Uhlenbeck)은 해머헤드 구조의 모델로서 〈그림 6-10〉에 나타낸 바와 같이 19량체와 24량체의 겹가닥 RNA를 합성하여 그 절단성을 조사하고 있다. 마그네슘 이온 존재하에서 37℃로 1시간 반응시키면 24량체만이 화살표로 표시한 곳에서 절단되며 19량체는 변화하지 않는다는 것을 알게 되었다. 밑의 올리고뉴클레오티드 가닥이 촉매로서 작용한다. 절단의 상세한

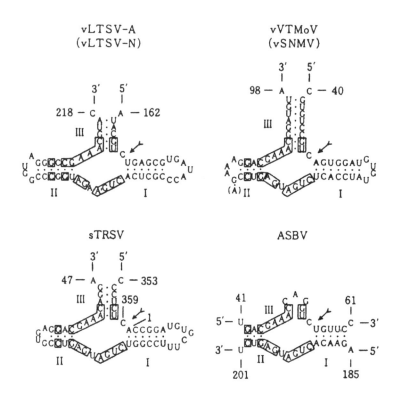

〈그림 6-9〉 바이로이드, 바이러소이드, 새틀라이트 RNA의 염기배열과 자기
절단. vLTSV: 루산 트랜젠트 스트리크 바이러스의 바이러소이드,
vVTMoV: 벨벳담배 모틀 바이러스의 바이러소이드, vSNMV:
Solanum Nodiflorum. 모틀 바이러스의 바이러소이드, sTRSV:
담배 링 스포트 바이러스의 새틀라이트 RNA, ASBV: 아보카도
선브로치 바이로이드, 틀 속의 배열은 공통 배열, 화살표는 절단
부위를 표시함(Forster 등, 1987)

체계는 알 수 없으나 〈그림 6-10〉에서와 같은 특이적 염기쌍
을 만드는 것으로 절단에 유리한 입체 구조를 취하고 있는 것
으로 생각된다.

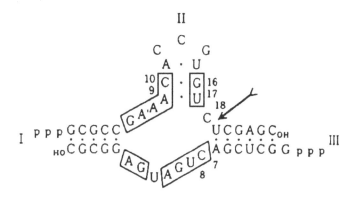

〈그림 6-10〉 자기 절단하는 올리고뉴클레오티드의 해머헤드 구조. 화
살표는 절단 부위를 표시함(Uhlenbeck, 1987년에서)

홋카이도대학의 오쓰카 씨 등은 해머헤드 구조를 지니는
RNA를 화학합성에 의해서 만들어 가는 데 어떤 배열이 절단
에 필요한가를 조사하였다. 〈그림 6-10〉의 스템 II의 공통 배
열에서 9번째와 17번째의 A/U, 10번째와 16번째의 C/G 염기
쌍은 서로 바꾸어 넣는 것이 가능하다. 9번째와 17번째의 A/U
를 C/G나 G/C로 대치하면 절단이 일어나지 않는다. 이것 이
외에 왓슨-크릭형의 염기쌍이 존재하면 절단이 일어난다. 절단
부위는 G 이외면 좋으나 8번째의 C와 염기쌍을 만들어 버리면
절단이 일어나지 않는다. 8번째가 푸린일 경우에는 18번째가
어떤 염기라 할지라도 절단이 일어나지 않는다. 절단에는 RNA
의 고차 구조나 일그러짐이 필요하다.

극히 최근 사이몬스 등은 13량체의 올리고뉴클레오티드를 합
성하고 이것을 기질의 올리고뉴클레오티드에 가하면, 〈그림
6-11〉에서와 같은 해머헤드 구조를 만들어 화살표로 나타낸

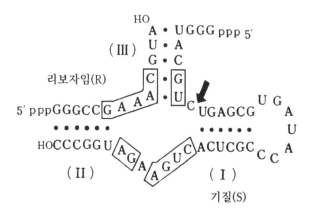

〈그림 6-11〉 13 뉴클레오티드로 이루어지는 리보자임에 의한
RNA 절단(Jeffries 등, 1989)

부위에서 기질이 절단된다는 것을 발견하였다. 이 13량체의 올
리고뉴클레오티드는 지금까지 알려져 있는 최소의 리보자임이다.

상보 가닥을 만들어 해머헤드형의 절단 원리를 이용함으로써
임의의 RNA를 절단할 수도 있다. 예컨대, 〈그림 6-12〉에서
보는 바와 같이 클로람페니콜(Chloramphenicol)의 아세틸
(Acetyl)기 전이효소 mRNA의 GUC 배열을 함유하는 부분은
아래쪽의 올리고뉴클레오티드 가닥과 2개소에서 8염기의 대합
을 만들어 C의 3′ 측에서 절단된다. 이처럼 임의의 RNA 가닥
과 상보 쌍을 만들어 정해진 장소에서 절단하는 것이 가능하다
면 그것은 RNA의 제한효소이다. 또한 그와 같은 제한효소가
자유로이 설계되고 생체 내에서 작용한다면 바이러스의 감염
방제에 이용될지도 모른다.

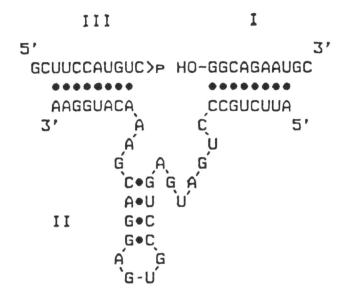

〈그림 6-12〉 올리고리보뉴클레오티드(아래쪽)에 의한 클로람페니콜의
아세틸기 전이효소 mRNA(위쪽) 절단. C의 3′ 측에서
절단된 것을 나타내고 있음(Haseloff 등, 1988)

리보자임의 촉매기구는 다양

전술한 바와 같은 RNA가 관여하는 3가지 촉매반응, 즉 그
룹 I 인트론의 자기 스플라이싱, 그룹 II 인트론의 자기 스플라
이싱, 리보뉴클레아제 P의 RNA 성분에 의한 전구체 tRNA의
절단 반응과 이 식물의 병원성 RNA에서는 절단된 말단기가
다르므로 반응 체계도 다른 것으로 생각한다. 그룹 I 인트론과
전구체 tRNA는 5′-인산과 2′(3′)-수산기에서 절단된다. 그룹
II 인트론에서는 2′, 5′-인산 디에스테르기와 2′, 3′-수산기에
서 절단된다. 바이로이드에서는 2′, 3′환상 인산과 5′수산기이
다. 그룹 I 인트론이나 그룹 II 인트론의 활성 부위 부근 염기

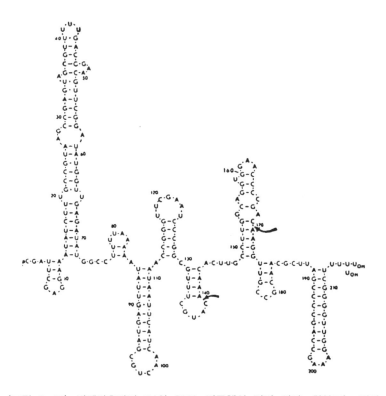

〈그림 6-13〉 박테리오파지 T4의 RNA 전구체의 자기 절단. 화살표는 절단 부위를 나타냄(Watson 등, 1984)

배열을 비교해 보아도 해머헤드 구조와의 공통성은 보이지 않는다. 해머헤드 구조는 가장 작은 활성 부위를 지니고 있으나 그 자기 절단의 반응 체계는 복잡하다.

또한 바이로이드는 해머헤드형과는 전혀 다른 RNA에서도 자기 절단이 일어난다는 것이 알려져 있다. 박테리오파지 T4의 RNA 전구체는 2개소에서 자기 절단을 일으킨다(그림 6-13). 반응에는 1가 금속 이온과 비(非)이온성의 계면활성제가 필요하며

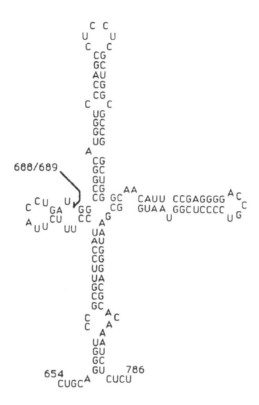

〈그림 6-14〉 사람 δ형 간염 바이러스의 자기 절단, 연결하는 RNA 단편의 2차 구조. 화살표는 절단, 연결하는 부위를 나타냄(Wu 등, 1989)

마그네슘 이온은 필요로 하지 않는 등 바이로이드의 RNA와는 다르다.

더욱이 최근 델타(δ)형 간염 바이러스의 RNA 단편이 자기 절단을 일으킨다는 것이 알려지게 되었다. 델타형 간염 바이러스는 1,700뉴클레오티드로 이루어지는 외가닥의 환상 RNA를 게놈으로 지니고 있는 RNA 바이러스의 일종이다. 이 바이러스는 간세포에 친화성(親和性)을 나타내는 델타 인자를 갖고 있으므로 델타형이라고 불린다. 델타 인자는 병원성이 강하고 급성 및 만성 간 질환을 일으킨다. 델타형 간염 바이러스의 게놈 RNA의 133뉴클레오티드로 이루어지는 단편은 마그네슘 이온이 존재하면 1개소 절단된다(그림 6-14). 그러므로 마그네슘 이온을 제거하면 전과 마찬가지의 상태로 되돌아가 버린다. 즉, 마그네슘 이온이 존재하면 절단 반응이, 존재하지 않으면 연결 반응이 일어나는 것이다. 이것은 지금까지는 없던 새로운 타입의 리보자임이다.

생체촉매의 분류와 진화

생체촉매는 4가지로 분류된다

지금까지 알려진 생체촉매는 물질 수준에서 4가지 타입으로 분류할 수 있다(표 6-1). 즉, 타입 I은 단백질형이다. 이것은 단백질만으로 촉매활성을 가진 것이다. 이것에는 황산 에스테르, 인산 에스테르, 펩티드, DNA, RNA 등의 분해에 촉매가 되는 각종 가수분해효소가 있다. 아주 근소하게 보효소(효소작용을 돕는 보조 인자)를 필요로 하는 것도 있으나 지금까지 알려진 것 중의 99%는 보효소를 필요로 하지 않으며 단백질만으로 촉매활성을 지니고 있다.

타입 II는 단백질-RNA(보효소)형이다. 이것에는 가수분해효소 이외의 모든 효소가 함유된다. 즉, 생체물질의 산화환원반응에 촉매가 되는 산화환원효소, 원자단의 전이반응에 촉매가 되는 전

〈표 6-1〉 생체촉매의 분류

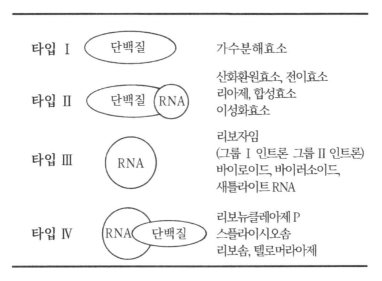

타입 I	단백질	가수분해효소
타입 II	단백질 RNA	산화환원효소, 전이효소 리아제, 합성효소 이성화효소
타입 III	RNA	리보자임 (그룹 I 인트론 그룹 II 인트론) 바이로이드, 바이러소이드, 새틀라이트 RNA
타입 IV	RNA 단백질	리보뉴클레아제 P 스플라이시오솜 리보솜, 텔로머라아제

이효소, 기(基)를 이탈시켜 이중결합을 남기는 반응에 촉매가 되는 리아제, 이성체 간의 전환반응에 촉매가 되는 이성화효소, 생체물질의 합성반응에 촉매가 되는 합성효소 등이다. 보효소로서 산화환원효소는 NAD(P)(Nicotinamide Adenine Dinucleotide), FAD(Flavin Adenine Dinucleotide)를, 전이효소는 NTP(Nucleotide Triphosphate), NDP(Nucleotide Diphosphate), tRNA를, 리아제는 보효소 A, NAD, NTP를, 이성화효소는 NTP, NDP, NAD(P), 보효소 A를, 합성효소는 NTP, 보효소 A, tRNA 등의 RNA 유도체를 각각 필요로 한다. 이 중에서 산화환원효소, 전이효소, 합성효소는 보효소를 필요로 하는 정도가 높으며 (75~100%), 특히 합성효소는 100% 요구한다. 이 경우 단백질은 크며(분자량 1만 이상) 보효소는 작다. 그리하여 단백질은 기질과

보효소를 촉매 부위에 유지하여 반응의 장을 제공하고 있다. 보효소는 작지만, 촉매반응에 적극적으로 관여하고 있다.

타입 Ⅲ은 RNA형이다. 즉, RNA만으로 촉매활성을 지니고 있다. 이것에는 자기 스플라이싱하는 RNA, 바이로이드, 바이러소이느, 새틀라이트 RNA 등 자기 절단하는 RNA가 분류되어 있다. 현재로서 이 타입에는 RNA의 인산 디에스테르 결합의 절단이나 연결에 촉매가 되는 것뿐이다.

타입 Ⅳ는 RNA-단백질형이다. 이 예로는 프로세싱이라는 tRNA가 기능을 갖는 분자로 성숙하는 과정에 관여하는 리보뉴클레아제 P가 있다. 이것은 RNA 측에 촉매활성이 있으며 단백질 측에는 촉매활성이 없고, RNA에 단백질이 가해짐으로써 효율이 높아지는 예이다. 그 외에 핵 내 mRNA의 프로세싱에 관여하는 snRNA(핵 내의 조그마한 RNA)와 단백질의 복합체(snRNP)도 이 속에 분류될지도 모르나 어느 쪽에 촉매활성이 있는 것인지, 혹은 양자가 모두 없으면 활성이 없는 것인지 아직도 확실히 알려지지 못하고 있다. 또한 단백질 합성의 장인 리보솜도 이 타입에 넣을 수 있는 것인지도 모를 일이다. 최근 알려지게 된 테트라히메나 DNA의 텔로미어라고 불리는 말단 구조를 형성시키는 텔로미어 말단 전이효소(Telomerase), 다당(多糖)의 분기쇄(分岐鎖) 구조를 형성시키는 전이효소, δ-아미노레브 인산(δ-Aminolevulinic Acid) 합성효소 등도 RNA를 함유하고 있으며 RNA 성분을 분해하거나 제거하면 활성이 매우 저하하며, 활성이 RNA에 의존하고 있다.

생체촉매의 진화

이상, 생체촉매가 RNA와 단백질의 물질 수준에서 4가지 타입으로 분류된다는 것을 제시하였다. 그러면 이와 같은 4가지 타입의 촉매는 어떻게 출현하여 진화하여 온 것일까?

우선 RNA가 먼저 출현하였다는 입장에서는, 타입 Ⅲ의 RNA형이 최초에 출현하였다고 생각된다. 이것만으로는 자기 복제나 자기 스플라이싱만으로 기능이 단순하므로, 더욱 진화하기 위해서는 단백질의 도움을 빌려 다양화를 도모해야만 한다. 단백질의 도움을 빌리는 것으로 RNA 구조는 견고해지며 촉매 효율이나 기능의 다양성이 높아졌다고 생각된다. 다음 단계에서는 단백질 합성계도 만들어져 진화함으로써 다양한 구조의 단백질을 만들게 되었다. 그때까지 단백질 없이 작은 보효소만으로 합성이나 분해 등의 촉매반응이 행해지고 있던 것이, 서서히 단백질과 조합되어 더욱 구조가 견고해지고 기능의 상승과 다양성이 매우 증가하였다. 이 시기에 생명은 폭발적으로 증가하여 급속한 진화를 이룩하였다고 생각된다.

타입 Ⅰ은 타입 Ⅱ와 같은 시기에 출현하였다고 생각된다. 이처럼 타입 Ⅰ과 타입 Ⅱ에 대해서는 지금까지 연구에서 밝혀져 오고 있으나, 이후에는 타입 Ⅲ과 타입 Ⅳ의 새로운 촉매를 탐색하고 그 구조와 기능을 연구하는 것이 중요해질 것으로 생각된다.

7장

RNA와 생명의 기원

핵산 염기의 무생물적 합성

핵산 염기는 사이안화수소로부터 만들어진다

생명 발생 이전의 원시 지구 환경에서 핵산 분자가 정말로 합성되었던 것일까? 검증의 첫걸음으로서 핵산 염기를 무생물적으로 합성하는 시도가 1960년대에 성행하였다. 최초로 합성이 보고된 것은 아데닌 염기였다. 아데닌은 DNA나 RNA 이외에 모든 생물의 에너지원이다. ATP(Adenosine 5′-Triphosphate)나 보효소의 NAD(Nicotinamide Adenine Dinucleotide)에도 함유되어 있으며 핵산 염기 중 가장 흥미로운 염기이다. 미국의 화학자인 오로는 사이안화수소의 암모니아 수용액을 가열함으로써 아데닌을 0.5%의 수량(收量)으로 합성하는 데 성공하였다. 아데닌의 분자식($C_5H_5N_5$)이 사이안화수소(HCN)의 5량체와 같은 것이라는 점에서 사이안화수소의 열중합에 의해서 생성된 것으로 생각되고 있다. 사이안화수소는 원시 대기를 모방한 혼합 기체의 방전 실험에서 쉽게 합성되는 것으로 미루어, 원시 지구상에는 상당량 존재하고 있었던 것으로 생각되는 물질이다.

합성기구의 검토로, 아데닌 합성의 중요한 반응 중간체는 사이안화수소의 4량체라는 것을 알게 되었다. 사이안화수소는 가수분해되어 포름아미드(Formamide)와 의산(蟻酸, 포름산, 개미산)이 되나 암모니아와 반응하면 포름아미딘(Formamidine)이 된다. 한편 사이안화수소는 자기 축합하여 4량체인 디아미노마레오니트릴(DAMN)을 생성한다. 4량체는 그곳에 생긴 포름아미딘과 반응하여 4-아미노이미다졸-5-카르보니트릴(AICN)을 생성하거나 또는 아미딘(AICAI)을 생성한다. 이것의 어느 화합물도 사

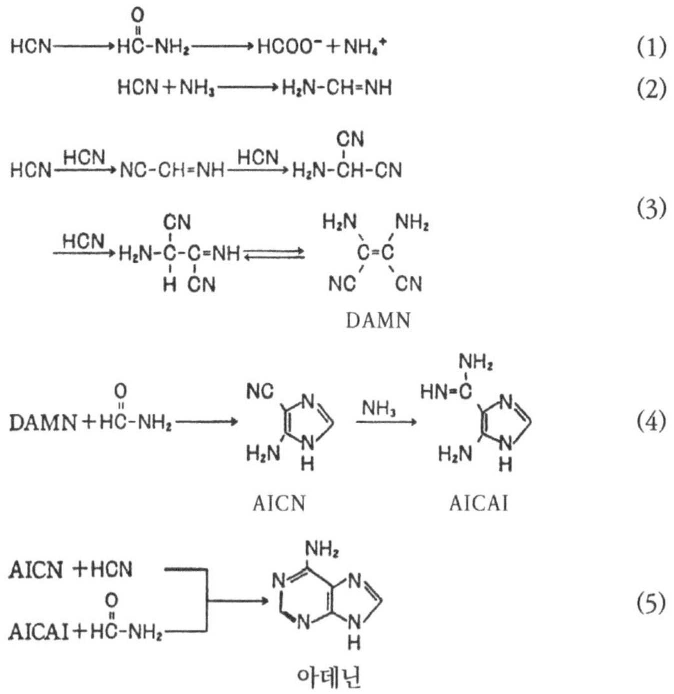

$$\text{HCN} \longrightarrow \text{H}\overset{\text{O}}{\overset{\|}{\text{C}}}\text{-NH}_2 \longrightarrow \text{HCOO}^- + \text{NH}_4{}^+ \tag{1}$$

$$\text{HCN} + \text{NH}_3 \longrightarrow \text{H}_2\text{N-CH=NH} \tag{2}$$

$$\text{HCN} \xrightarrow{\text{HCN}} \text{NC-CH=NH} \xrightarrow{\text{HCN}} \text{H}_2\text{N-}\overset{\text{CN}}{\overset{|}{\text{CH}}}\text{-CN} \tag{3}$$

$$\xrightarrow{\text{HCN}} \text{H}_2\text{N-}\overset{\text{CN}}{\underset{\text{H}}{\overset{|}{\underset{|}{\text{C}}}}}\text{-}\overset{}{\underset{\text{CN}}{\overset{|}{\underset{|}{\text{C}}}}}\text{=NH} \rightleftharpoons \overset{\text{H}_2\text{N}\quad \text{NH}_2}{\underset{\text{NC}\quad\text{CN}}{\text{C=C}}}$$

DAMN

$$\text{DAMN} + \text{H}\overset{\text{O}}{\overset{\|}{\text{C}}}\text{-NH}_2 \longrightarrow \text{AICN} \xrightarrow{\text{NH}_3} \text{AICAI} \tag{4}$$

AICN   AICAI

$$\left.\begin{array}{l}\text{AICN} + \text{HCN} \\ \\ \text{AICAI} + \text{H}\overset{\text{O}}{\overset{\|}{\text{C}}}\text{-NH}_2\end{array}\right\} \longrightarrow \text{아데닌} \tag{5}$$

아데닌

〈그림 7-1〉 아데닌의 합성 경로

이안화수소 또는 포름아미딘과 반응하여 아데닌을 생성한다(그림 7-1). 암모니아가 존재하지 않는 경우라도 DAMN에 자외선을 쬐이면 AICN을 생성할 수가 있으므로 원시 태양광하에서 사이안화수소 수용액에서 아데닌이 합성될 가능성이 있다.

한편 구아닌은 아데닌보다도 산화된 상태에 있는 화합물이나 AICN과 사이안산화합물, 요소, 사이안화수소의 어느 것에서도 구아닌이 얻어진다. 또한 사이안화수소의 수용액에 자외선을 쬐이면 그 생성물 중에 아데닌과 더불어 구아닌이 검출된다.

사이안화수소가 푸린의 원료라면 한편 피리미딘의 원료는 사이아노아세틸렌(Cyanoacetylene)이라고 생각되고 있다. 사이아노아세틸렌을 사이안산과 함께 가열함으로써 사이토신이 높은 수율로 얻어진다. 사이아노아세틸렌은 메탄(Methane)과 질소의 혼합 기체의 방전 생성물 중에 검출되는 화합물로서, 원시 지구 환경에서는 사이안화수소에 버금가는 중요한 활성 분자였었다고 생각된다. 단, 사이아노아세틸렌은 가수분해되기 쉽고 즉시 사이아노아세트알데히드(Cyanoacetaldehyde)로 변한다. 사이아노아세트알데히드는 구아니딘이 있으면 2, 4-디아미노피리딘(2, 4-Diaminopyridine)을 생성하나, 이 화합물은 가수분해에 의해서 사이토신과 우라실이 된다.

우라실은 사이토신의 가수분해에 의해서 효율 높게 얻어진다. 우라실을 직접 얻는 방법으로서 말론산과 요소를 발연황산(發煙黃酸) 또는 폴리인산과 가열시키는 방법이 있다. 더욱 온건한 방법으로는 포름알데히드, 히드라진(Hydrazine), 탄산칼슘의 수용액에 자외선을 쬐이는 방법이나 글리신 수용액에 적외선과 자외선을 동시에 쬐이는 방법 등이 있다.

디민은 우라실의 5위가 메틸화한 것으로서 우라실을 포름아미드와 히드라진으로 메틸화시킴으로써 얻어진다. 또한 우라실에 초산염(硝酸鹽) 및 점토의 존재하에서 자외선을 쬐인 생성물 중에도 디민의 존재가 시사되고 있다. 〈그림 7-2〉에 핵산 염기류의 합성 경로가 제시되어 있다.

이처럼 핵산 염기에 이르는 합성 경로가 몇 종류나 존재한다는 것은, 언뜻 복잡하게 보이는 듯한 핵산 염기도 필요한 재료와 에너지를 부여하면 쉽게 얻어지는 화합물이라는 것을 나타

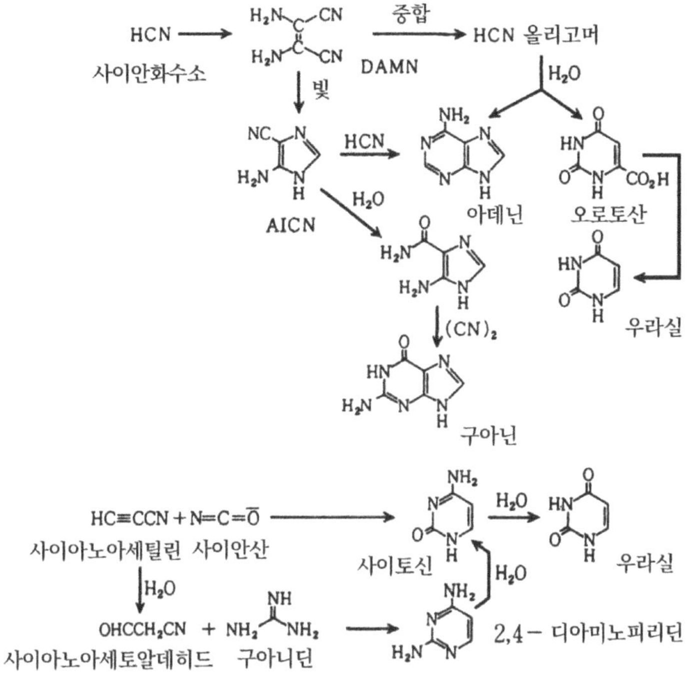

〈그림 7-2〉 핵산 염기의 합성 경로

내고 있다. 아미노산과 마찬가지로 핵산 염기는 필연성을 갖는 물질이다.

원시 대기로부터도 만들 수 있다

원시 지구상에서의 화학진화에 있어 생명의 재료는 원시 지구를 덮고 있던 대기로부터 공급되었다고 생각되고 있다. 화학진화반응의 에너지를 공급한 것은 태양광, 방전, 해저 열수 분출공이나 화산의 열, 우주선, 방사능, 충격파 등이다. 핵산 염기가 원시 대기로부터 직접 만들어진 것이 아닌가 하는 기대에서 모의 원시 대기를 사용하여 방전이나 전자선 등을 조사하는 실험이 시도되었다. 방전 실험은 1953년 밀러(Miller)에 의해서 개척된 화학진화의 모의실험에서 그는 수소, 메탄, 암모니아, 물의 혼합 기체 중에서 불꽃 방전을 하고, 그 반응 혼합물 중에 글리신을 비롯한 수 종류의 아미노산이 생성되는 것을 발견하였다. 이 실험은 공상적이라고 생각되고 있던 화학진화의 과정을 실험실에서 재현하고자 한 획기적인 시도로서, 이것을 계기로 '생명의 기원'의 해명을 향하여 실증적 연구가 정력적으로 행해지기 시작하였다.

핵산 염기의 검출에 성공한 최초의 원시 대기 모의실험은 페르마에 의해서 메탄, 암모니아, 물의 혼합 기체 중에 사이클로트론(Cyclotron)을 사용하여 전자선을 조사하는 것으로 행해졌다. 생성물을 페이퍼 크로마토그래피(Paper Chromatography)로 분석한 결과 아데닌이 생성되어 있음을 확인하였으나 다른 핵산 염기는 검출되지 못하였다. 또한 이 혼합 기체 중에 수소를 혼합하면 아데닌의 수량이 극도로 저하한다는 것을 알게 되었으며, 원시 대기 실험에서의 반응은 추정하였던 모의 원시 대기의 조성에 크게 의존한다는 것을 인상 깊게 하였다.

그 후 행해진 불꽃 방전 실험에서 메탄, 암모니아, 물의 혼합 기체의 반응계에서는 아데닌, 구아닌의 양 푸린 염기가 생성된다는 것을 알게 되었다. 단, 피리미딘 염기는 이소사이토신 이외의 것은 발견하지 못하였다. 또한 혼합 기체를 메탄, 질소, 물 계통으로 변경하여 불꽃 방전을 행한 경우 사이토신, 우라실, 디민, 아데닌, 구아닌의 5종류 핵산 염기 모두가 생성된다는 것이 요코하마국립대학의 고바야시(小林憲正) 씨 등에 의해서 실현되었다.

이처럼 전자선 조사나 방전 실험에서는 질소원으로서 환원적인 암모니아를 사용한 경우와 산화한 질소 분자를 사용한 경우와는 생성되는 핵산 염기가 다른 것이다. 메탄, 암모니아, 수계(水系)(계A)에서는 푸린 염기만이 얻어지며, 메탄, 질소, 수계(계B)에서는 푸린 염기와 더불어 피리미딘 염기가 얻어진다. 이 원인은 피리미딘 염기의 중요한 중간체인 사이아노아세틸렌이 계A에서는 만들어지기 어려우며 계B에서는 쉽게 생성되는 것에 있다.

원시 대기가 더욱 산화한 것, 예컨대 일산화탄소, 질소, 수계의 혼합 기체인 경우는 그때까지 고농도의 수소가 공존하지 않는 한 아미노산 등의 생체 분자는 생성하기 어렵다고 생각되고 있었다. 그러나 에너지원으로 우주선을 모방한 양자선을 사용하면 우라실 등의 피리미딘 염기가 생성된다는 것이 명백해졌다.

원시 대기가 어떤 체계로 형성되며 그 조성이 무엇이었는지는 원시 환경을 모방한 화학진화 실험을 행하는 것에서 극히 중요한 문제이다. 원시 지구는 미행성(微行星)이라고 불리는 지름 10㎞ 정도의 천체가 무수히 충돌하여 형성되었다. 미행성이 원시 지구에 충돌할 때에 대폭발이 일어났다. 이때 지구 표면은 매우 고온 고압이 되었기 때문에, 미행성에 함유되어 있던 성분은 순간적으로 증발한 수증기, 일산화탄소, 이산화탄소, 질소 등을 함유하는 원시 대기를 형성하였다. 원시 지구를 덮고 있는 두꺼운 수증기의 구름은 그 후 지구가 냉각됨에 따라 비가 되어 지상에 떨어져 원시 바다를 형성하게 된다. 대기 중의 이산화탄소는 원시 바다에 녹아 들어가 해수 중에 함유된 마그네슘이나 칼슘 이온과 반응하여 탄산염광물을 형성하였다. 이 시나리오에서는 일산화탄소, 물, 그리고 질소를 주성분으로 하는 산화한 대기가 생명 탄생까지의 지구를 덮고 있었던 것이 된다.

화학진화 시대는 생물 유기화합물의 무기적인 합성과 분해의 시대이다. 원시 지구 탄생 직후의 매우 고온인 조건으로는 유기물이 존재할 수 없다. 바다나 육지가 형성되고 약간 온화한 환경이 되고 난 후에 다채로운 유기물이 합성되기 시작하였을 것이다.

핵산 염기는 지구 밖으로부터 들어온 것일까?

성간 분자

지구상 생명의 기원을 고찰할 경우 지구를 둘러싸고 있는 우주 공간에 대해서도 눈을 돌릴 필요가 있다. 왜냐하면 우주는 유기물의 보고(寶庫)이기 때문이다. 성간 공간, 운석(隕石), 혜성(彗星) 등에 유기물이 무수히 존재한다는 것이 알려져 있다. 혜성이나 성간물질은 채취해 온 것을 실험실에서 아직 분석하지 못한다. 그러나 분자는 고유의 스펙트럼선을 지니고 있으므로 우주 공간으로부터의 전파를 수신하면 그곳에 어떤 물질이 존재하는가를 밝힐 수 있다. 전파망원경을 사용한 ㎜파나 ㎝파의 관측에서 지금까지 일산화탄소, 물, 암모니아 등의 저분자 외에 사이안화수소, 아세토니트릴(Acetonitrile), 프로피오니트릴, 아크릴로니트릴, 사이아노아세틸렌 등의 니트릴류, 메틸알코올,

〈표 7-1〉 전파로 관측되는 성간 분자

분자식	분자명	분자식	분자명
CH	메틸리딘	H_2CO	포름알데히드
CN	사이안기	H_2CS	티오포름알데히드
CO	일산화탄소	CH_2NH	메틸렌이민
CS	알황화탄소	CH_2CO	케텐
NO	일산화질소	NH_2CN	사이안아미드
NS	호아화질소	HCOOH	의산
OH	히드록실기	C_4H	부타디닐기
PN	질화인	HCCCN	사이아노아세틸렌
SO	일산화황	C_3H_2	시클로프로페니리딘
SiO	일산화규소	CH_3OH	메틸알코올
SiS	황화규소	CH_3CN	사이안화메틸
CCH	에티닐기	CH_2SH	메틸메르캅탄
CCS	일황화이탄소	NH_2CHO	포름아미드
HCN	사이안화수소	CH_3NH_2	메틸아민
HCO	포르밀기	CH_3CCH	메틸아세틸렌
HCO^+	포르밀이온	CH_3CHO	아세트알데히드
HCS^+	티오포르밀이온	C_5H	1,2-펜타디엔-4-인
HN_2^+	디아디닐이온		-3-일-1-인덴기
HNC	이소사이안화수소	CH_2CHCN	사이안화비닐
HNO	니트록실	HC_5N	사이아노디아세틸렌
HOC^+	이소포르밀이온	C_6H	3,5-헥사디인-1-앤
H_2O	수증기		-2-일-1-인덴기
H_2S	황화수소	$HCOOCH_3$	의산메틸
OCS	황화카르보닐	CH_3CCCN	메틸사이아노아세틸렌
SO_2	이산화황	C_2H_5OH	에틸알코올
SiC_2	시라시클로프로핀	CH_3OCH_3	디메틸에테르
C_3H	프롭닐기	C_2H_5CN	시아화에틸
$c-C_3H$	사클로프로피닐기	CH_3C_4H	메틸디아세틸렌
C_3H	사이아노에티닐기	HC_7N	사이아노트리아세틸렌
C_3O	일산화삼탄소	HC_9N	사이아노테트라아세틸렌
C_3S	일황화삼소탄	$HC_{11}N$	사이아노펜타아세틸렌
HNCO	이소사이안산	CH_2CN	사이아노메틸기
HNCS	티오이소사이안산	HCCHO	포르밀아세틸렌
$HOCO^+$	히드록시카르보닐이온	CH_3NC	이소사이안화메틸
NH_3	암모니아		

에틸알코올, 의산메틸 등이 존재하고 있다는 것이 확인되고 있다(표 7-1). 유기화합물의 형성에는 성간운(星間雲)에 함유된 먼지가 흡착제나 촉매로서 작용하지 않았는가 하고 생각되고 있다. 현재까지는 성간 분자 중에 핵산 염기는 발견되지 못하고 있으나, 그 중요한 합성 중간체인 사이안화수소나 피리미딘의 전구체로 생각되는 사이아노아세틸렌이 존재한다는 것은 흥미로운 일이다.

운석

지구에 떨어지는 운석 대부분은 화성과 목성의 궤도 간에 존재하는 소행성에서 유래한 것으로 생각되고 있다. 소행성은 작은 지구형 행성으로서 큰 것은 지름이 1,000㎞나 된다. 소행성 대부분은 길고 가늘며 회전하면서 태양의 주위를 날고 있다. 서로의 궤도가 가까워진 경우 충돌하며, 그 부서진 조각들이 지구에 가까워졌을 때 인력에 의해서 빨려들어 떨어지게 된다. 이것이 운석인 것이다. 이와 같은 소행성은 태양계의 행성이 만들어질 때 가까이에 있는 목성의 거대한 인력에 의한 조석현상(潮汐現象) 때문에 행성이 될 수 없었던 암석 덩어리의 무리이다.

운석 중에서도 탄소질 콘도라이트라고 불리는 것은 형성 때의 온도가 낮았기 때문에, 주위에 있던 물이나 탄소화합물 등 휘발성 성분을 보유하고 있다. 이 운석 가운데 유기물 중에는 생물과 관계하는 아미노산이나 핵산 등의 분자가 존재하는 것이 아닌가 하는 기대에서 일찍부터 탄소질 콘도라이트의 분석이 행해져 왔다. 그러나 낙하 후 지구상에서 생물에 의한 오염의 문제가 있었다. 그러므로 운석 고유의 유기물 분석에는 새로운, 또는 오염의 가능성이 낮은 것으로 생각되는(예컨대, 남극 대륙의 얼음 속 등) 운석을 입수해야 하였다. 1969년 호주의 머치슨에 떨어진 운석은 낙하 직후 채취되어 즉시 유기 분석이 행해졌다. 이해는 미국이 유인착륙선 아폴로를 달에 보내서 월석(月石)을 분석하고자 하였던 때였으므로 매우 타이밍이 좋았다. 그 결과 운석 중에서 글리신을 비롯하여 몇 가지 아미노산이 검출되었다. 탄소동위체의 함량이 지구의 유기물처럼 낮지 않다는 것, 광학이성체의 분리분석에서 D체와 L체가 같은 양으로 함유된다는 것(생체의 아미노산은 L체뿐임), 생체의 단백질을 구성하는 아미노산 이외의 아미노산이 존재한다는 것 등에서, 얻어진 아미노산이 지구상에 섞여 들어온 것이 아니라고 밝혀졌다.

운석 중의 핵산 염기는 그 추출법, 분리법, 동정법 등의 확립이 아미노산의 경우와 비교하여 늦어졌기 때문에 그 존재에 대해서는 좀처럼 결정이 내려지지 못하였다. 그러나 최근에 이르러 질량분석법이나 핵산의 분리에 적합한 고속 액체 크로마토그래피법이 개발됨으로써, 이것들을 이용하여 새로이 머치슨 운석이 분석되었다. 요코하마국립대학의 고바야시 씨 등은 아데닌, 구아닌, 사이토신, 우라실, 디민의 5종류 핵산 염기의 모든 것이 운석에 포함되어 있다는 것을 밝혀냈다. 운석은 우리들이 손에 넣을 수 있는 행성물질 중에서 가장 오래되고 가장 원시적이며 원시 태양계 성운의 화석이라고 생각되는 물질이다. 운석 중에 아미노산, 핵산 염기 외에도 알코올, 알데히드, 아민, 케톤, 탄화수소 등이 함유되어 있다는 것을 알게 됨으로써 원시 지구 탄생 때의 분자 환경에 대해서 중요한 지식을 부여받은 것이다.

운석 중에 함유되는 유기물이 원시 지구에 어느 정도 유입되었는가에 대해서는 확실치 않다. 지구에 낙하할 때 운석은 고열 상태가 되기 때문에 대부분의 유기물은 열분해를 받아 일산화탄소, 이산화탄소, 아세톤, 아세토니트릴, 벤젠 등의 휘발성 저분자나 고분자상의 탄화수소로 변화해 버릴 가능성이 있다. 그러나 운석의 열전도 효율이 낮으므로 운석 내부에 존재하는 유기물은 보존되어 지구상의 화학진화 재료가 되었다고 생각된다.

1980년 캘리포니아대학의 알바레츠는 백악기 말(6500만 년 전)에 공룡이 멸종한 것은 거대 운석의 충돌에 의한 것이라는 공룡 멸종의 운석설을 제창하였다. 그 증거로서는 백악기와 제3기의 경계층에 지구에는 적은 이리듐이 이상적으로 많다는 것, 충돌에 의해서 용해된 광물의 아주 작은 알갱이나 변성(變成)을 받은 석영(石英)이 존재한다는 것, 동물이나 식물의 화석이 탄 검댕이 있다는 것 등을 들고 있다. 더욱이 최근 덴마크의 스티븐스 클린트의 백악기와 제3기 경계층에 α-아미노낙산이나 이소발린이 많이 검출되었다. 이들 아미노산은 비단백질 아미노산으로 L체와 D체의 혼합물인 라세미체(Racemic Body: 생체의 아미노산은 L체)라는 것으로 미루어 지구상의 생물에서가 아니고 지구 밖으로부터 유래된 것으로 생각되고 있다. 그러므로 생물이 탄생하기 이전에는 상당수의 거대 운석이 지구에 충돌하여 막대한 양의 유기물을 반입하게 된 것이 틀림없을 것이다.

혜성

혜성은 46억 년 전 원시 태양계 성운으로부터 태양이나 행성이 형성될 때 행성을 형성하지 않고 남겨진 가스나 먼지의 덩어리이다. 이 가스나 먼지가 얼어붙어 눈사람 모양이 되어 서로 달라붙어서 지름 1~10km 정도의 얼음덩이가 되어 태양계의 맨 끝에 떠 있는 것이다. 혜성 대부분은 명왕성(冥王星)의 궤도보다 안쪽으로는 절대 들어오지 않으나, 때로는 가까이 통과하는 항성(恒星)의 인력에 의하여 운동이 흐트러져 일군의 혜성이 길고 가는 장타원형 궤도를 타고 태양을 향해 진행한다.

혜성이 태양에 접근하면 태양광과 양자선으로 가열되어 일부 증발하기 시작된다. 태양에 가까이 갔을 때 혜성은 지름 1~10km의 얼음을 주체로 한 핵과, 유리한 원자가 발광하여 빛나고 있는 그 바깥쪽의 코마(Coma: 지름 10~10만 킬로미터)와 수십억 킬로미터의 청백색으로 빛나는 플라스마 꼬리나 황색 먼지 꼬리로 이루어져 있다. 혜성에 함유된 분자는 대부분 물이지만 일산화탄소, 이산화탄소, 사이안화수소, 포름알데히드, 아세틸렌, 암모니아, 아세토니트릴 등의 분자도 함유되어 있다. 핵 중에 존재하는 유기 분자는 뒤덮여 승화(昇華)되고 먼지와 더불어 핵으로부터 이탈하여 뛰쳐나간다. 이들 분자는 자외선에 의해서 다시 산산조각이 나 버린다.

혜싱이 지구 근처를 통과할 때 대량의 운석이 쏟아지게 되는 것으로 미루어 원시 지구에 유기물을 운반하여 왔을 가능성을 생각할 수 있다. 1986년 핼리 혜성(Halley's Comet) 접근 시 탐사위성 베가 1호에 질량분석계가 탑재되어 그 먼지 중의 유기물 분석이 행해졌었다. 그 데이터의 해석 결과 혜성의 먼지 중에는 갖가지 유기물에 혼합되어 푸린류와 피리미딘류가 존재한다는 것이 알려졌다. 혜성도 화학진화의 담당자로서 중요한 역할을 다하였을 것이 틀림없다.

리보오스는 어떻게 생겨났을까?

리보오스는 포름알데히드로부터 합성되었다

RNA의 다른 한 가지 구성 성분인 리보오스는 어떻게 만들어진 것일까? 리보오스 등 당의 시원물질(始原物質)은 포름알데히드였을 것으로 생각되고 있다. 포름알데히드는 원시 지구를 모방한 화학진화 실험에서 쉽게 생성할 수 있다는 것이 알려져 있다. 예컨대, 메탄/수계, 일산화탄소/물/질소계에 방전하면 포름알데히드가 얻어진다. 또한 성간 분자 중에도 존재한다는 것이 전파망원경의 관측으로 더욱 명백해지고 있다.

포름알데히드의 원소 조성(CH_2O)은 당, 예컨대 글루코오스의 원소 조성($CH_2O)_6$과 마찬가지이므로 원리적으로는 포름알데히드로부터 직접 당의 합성이 가능하다고 생각되고 있다. 실제로 짙은 포름알데히드의 알칼리 수용액을 가열함으로써 당이 얻어진다는 것은 오래전부터 알려져 '포모스(Formose) 반응'이라고 불리고 있다. 포모스 반응에는 촉매로서 알칼리토류 금속의 수산화물이나 산화물이 사용되어 왔다. 일반적으로 염기성 조건으로 2가 금속 이온이나 알루미나와 점토가 존재하면 포름알데히드는 쉽게 중합하여 당을 형성한다.

포모스 반응의 생성물은 포름알데히드 연결 방식의 다양성이나 생성물 간 상호작용이 일어나기 쉬움을 반영하여 수십 종에 이르고 있다. 이것은 갖가지 반응이 복잡하게 얽혀서 매우 많은 당을 단시간 내에 생성하기 때문이다. 반응은 자기 촉매로서 단계적으로 진행되며 순차적으로 2탄당(글리콜알데히드), 3탄당(디히드록시아세톤), 4탄당으로 합성된다. 4탄당은 계속하여 더욱 저분자인 화합물과 반응하여 5탄당, 6탄당, 7탄당 등을 생성한다.

포모스 반응으로 만들어진 당의 혼합물에 포함되는 리보오스는 극히 적다. 따라서 만약 리보오스가 뉴클레오시드를 구성하는 유일한 당일 경우에는 어떤 선택적인 촉매반응이 필요하게 된다. 돗토리대학의 시게마사(重政好强) 씨 등은 수산화칼슘이 존재하면 당 합성이 선택적으로 일어나는 것을 발견하였으므로, 앞으로 리보오스의 특이성이 합성 루트에서 명백히 밝혀질지 모를 일이다.

뉴클레오시드와 뉴클레오티드의 합성

핵산 염기와 리보오스의 연결반응

리보오스는 핵산 염기와 결합하면 뉴클레오시드가, 이 뉴클레오시드와 인산이 결합하면 뉴클레오티드가 생성된다. 천연 뉴클레오시드는 리보오스의 1위의 탄소 원자와 푸린 염기의 9위의 질소 원자 사이, 또는 마찬가지로 피리미딘 염기의 1위의 질소 원자와의 사이에 생기는 β-N-글리코실 결합을 갖고 있다. 무생물적인 뉴클레오시드와 뉴클레오티드의 합성 경로는 어떤 것이었을까?

핵산 염기의 반응성은 비교적 낮다는 것이 알려져 있듯이 리보오스와 핵산 염기를 직접 가열하여도 뉴클레오시드는 얻어지지 못한다. 그러나 어떤 종류의 무기염류를 존재시켜 푸린 염기와 리보오스가 반응을 하게 되면 효율 좋게 뉴클레오시드가 얻어진다. 예컨대, 아데닌과 리보오스와 연화 마그네슘의 혼합 수용액을 증발시켜 건조한 후 100℃에서 2시간 정도 가열하면 아데노신이 소량 얻어진다. 생성물에는 비천연형의 이성체(異性體)인 α-N-글리코실 결합을 지닌 α-아데닌도 약간 함유되어 있다. 그러나 피리미딘 염기는 같은 조건하에서는 반응하지 않는다. 흥미롭게도 이 반응에서는 해수를 증발시킨 후 뒤에 남은 염(鹽)의 혼합물이 좋은 촉매가 된다. 뉴클레오시드는 원시 해양의 갯벌이나 말라 버린 늪과 호수에서 무생물적으로 합성되었을 가능성이 있다.

뉴클레오시드를 만드는 데에는 리보오스와 결합한 전구체로부터 핵산 염기를 합성시키는 방법도 있다. 시티딘은 리보오스와 사이안아미드(Cyanamide)의 부가체에 사이아노아세틸렌을 반응시키는 것만으로 20% 정도의 수율로 얻어진다. 단, 비천연형의 α-이성체가 생성되므로 빛반응을 사용한 이성화반응이 필요하다.

뉴클레오시드는 원시 대기로부터도 만들어진다

뉴클레오시드가 직접 원시 대기로부터 생성된다는 것이 모의 원시 대기를 사용한 방전 실험에서 명백해지고 있다. 메탄, 질소, 수계의 방전 생성물 중에 핵산 염기가 함유되어 있다는 것

은 이미 확인되고 있다. 요코하마국립대학의 고바야시 씨 등은
이 반응 생성물을 갖가지 크로마토그래피를 이용하여 더욱 상
세히 분석하여 시티딘, 우라딘, 크산틴, 이노신 등의 뉴클레오
시드를 새로이 검출하였다. 이 반응계에서는 시티딘, 이노신 등
의 피리미딘 염기가 많이 얻어진다. 이렇게 하여 얻어지는 뉴
클레오시드는 모두 천연형의 β-이성체이다. 뉴클레오시드의 합
성에서는 이성체의 수가 많다는 것이 큰 문제이다. 당에는 리
보오스 외에 갖가지 이성체가 있으며 또한 수산기의 수도 많다
는 것이 그 원인이 되고 있다.

뉴클레오시드의 인산화

 뉴클레오티드는 뉴클레오시드가 인산화된 화합물인데, 원료가
되는 인산은 어떤 형태로 공급되는 것일까? 현재 지구상의 인
산 대부분은 물에 용해되기 어려운 아파타이트(Apatite, 인회석)
의 형태로 존재하고 있기 때문에 해수 중 인산 농도는 매우 낮
다. 원시 해양 중의 원소 농도는 현재와 그리 달라지지 않았던
것으로 상상되므로 원시 해양 중에서도 인산 농도는 낮았던 것
으로 생각된다. 아파타이트와 사이안산으로부터 축합활성을 갖
는 피로인산이 생성된다는 것이 알려져 있으나, 피로인산도 칼
슘 이온이나 마그네슘 이온의 존재하에서는 용해도가 낮고 원
시 해양 중에서는 축적이 어렵다. 고온 조건으로 인과 이산화
탄소로부터 합성되는 테트라메타 인산(P_4O_{10})은 수용성이며 또
한 안정한 것이므로 원시의 인산화제였을 가능성이 시사되고
있다. 실제 가네자와대학의 야마가타(山形行雄) 씨 등은 아데노
신과 테트라메타 인산의 수용액을 방치하여 아데노신 일인산을

높은 수율로 얻고 있다. 또한 방전 생성물인 사이아노아세틸렌에 인산이 부가된 사이아노비닐 인산도 인산화제가 될 수 있다.

포스핀(PH_3)이 목성이나 토성 대기 중에 안정하게 존재하고 있는 것으로 미루어 그 역할에 주목하고 포스핀, 메탄, 질소, 수계의 방전 실험이 행해졌다. 생성물 중에는 아미노산 외에 아인산, 오르토인산, 피로인산 등이 함유되어 있었다. 이와 같은 반응계에서는 직접 인산화된 유기물이 생성될 가능성이 크다.

뉴클레오티드는 뉴클레오시드와 무기 인산염을 가열함으로써 얻어진다. 또한 폴리인산 등의 축합 인산을 사용하면 저온에서도 얻을 수 있다. 단, 갖가지 이성체(뉴클레오시드의 $2'$-, $3'$-, $5'$-일인산)나 폴리인산화된 것(ADP, ATP 등)도 동시에 얻어진다.

교토대학의 아카보시(赤星光彦承) 씨 등은 방사화에 의해서 만들어진 이산화규소(^{31}Si)를 아데노신에 가해 두면 아데노신 일인산이 생성되는 것을 발견하였다. 이것은 규소의 동위체 붕괴에 의해서 생긴 인(^{31}P) 핵을 이용한 합성법으로 원시 지구상의 우주선에 함유된 고속 중성자의 작용과 관련하여 주목된다.

왜 아미노산은 L형이며 리보오스는 D형인가?

단백질이나 핵산의 용액 속을 빛이 통과하면 빛의 편광면(偏光面)이 회전되는 현상이 생긴다. 이것은 단백질이나 핵산의 구성 분자인 아미노산이나 당이 부제탄소(不齊炭素)를 지니는 광학 활성물질이기 때문이다. 유기 분자의 특정한 탄소 원자에 4가지의 다른 원자나 원자단이 결합하고 있을 때, 그 탄소 원자는 부제하다고 한다. 현재의 생물은 L-아미노산과 D-리보오스(또는 D-데옥시리보오스)와 같이 한쪽의 광학이성체만을 선택하여 이용하고 있다. 이 비대칭성은 생명에서 보이는 커다란 특징이며 생명의 기원을 생각할 때의 커다란 문제이다.

광학이성체의 화학적 성질은 광학적으로 불활성적인 장에서는 동일하나 광학활성물질과 상호작용할 경우 그것이 D체인가 L체인가에 따라 전혀 다른 물질 같은 거동을 보인다. 예컨대, 효소반응의 경우 기질결합 부위의 복잡한 구멍은 광학활성체의 입체 구조를 명확히 구별한다. 또한 생체 고분자가 D체와 L체의 혼합물(라세미체)이 아니고 한쪽의 광학활성 분자로 이루어져 있으면, 부품이 규격화됨으로써 생체 고분자가 고도로 조직화한 계로서 기능할 수 있는 이점이 있다. 예컨대, 폴리-L-아미노산은 오른쪽으로 도는 α-헬릭스(α-Helix)를, D-데옥시리보오스를 함유하는 DNA는 오른쪽으로 도는 이중나선을 형성할 수 있게 된다.

원시 지구상의 화학진화 과정에서 광학활성물질의 선택은 어떻게 행해지는 것일까? L-아미노산이나 D-리보오스가 선택될 필연성이 있었던 것일까? 이 광학활성의 기원에 대해서는 주로 2가지 고찰 방법이 있다. 한 가지는 D형의 생물과 L형의 생물이 별도로 발생하여 양자의 생존경쟁에 의해서 한쪽이 살아남았다고 하는 생각이다. 다른 한 가지는 원시 지구상에서 D체, L체 중 어느 한쪽이 먼저 축적하고 있었다는 생각이다.

일반적으로 광학활성적인 화합물(아미노산 등)이 광학적으로 불활성적인 장에서 합성되는 경우 D체와 L체가 같은 양 생성된다. 그러나 국소적으로는 통계적인 흔들림으로 D체 또는 L체 중 어느 것인가가 조금 더 많이 존재하는 곳이 나타난다. 긴 원시 시대 동안 합성반응이 계속해서 일어나면서 한쪽이 많아졌다고도 생각되나 그것을 실험으로 검증하는 것은 곤란하다. 한편 생존경쟁설에서는 일견 공존할 수 있을 것 같은 D형 생물과 L형 생물도 아미노산이 라세미화된 경우에는 한정된 양의 아미노산을 서로 탈취하게 된다. 또한 더욱 저분자인 화합물을 이용할 경우에도 최초에 생긴 생물(예컨대 L형) 쪽이 유리하였다고 생각할 수 있다. 그러나 이것에는 우연적 요소가 크다. 화학진화의 과정에서 생물유기화합물의 합성 단계까지 되돌아가 생각할 필요가 있다.

실험적으로 검토 과제가 되어 보다 가능성이 높다고 생각되는 것은 광학적으로 부제인 장을 이용한 화학합성이다. 절대 부제합성이라고 불리는 이 반응은 그 부제한 장으로서 원시 지구의 자전이나 공전 등의 회전 운동, 지구 자기장, 뉴트리노(Neutrino)의 스핀(Spin), 원편광(圓偏光) 등이 상정(想定)된다. 합성과 동시에 분해도 고려한 축적량으로서 논의해야 하지만, 실험적으로는 D, L-류신에 스트론튬 90의 β붕괴 때에 생기는 타원편광된 γ선을 쬐이면 L-류신이 D-류신보다 빨리 분해된다는 것이 알려져 있다. 그러나 현재까지 행해진 실험에서는 한쪽 광학활성체에 약간의 차를 만드는 데 불과하였으며, 먼저 한쪽이 생기기 위해서는 이 조그마한 차가 증폭되는 기구가 필요한 것이다. 그러나 전술한 바와 같이 광학적으로 부제한 장에서 한쪽의 광학이성체가 필연적으로 선택되는 가능성이 있으며 D-리보오스, L-아미노산 선택 이용의 원인으로서 흥미를 끌게 된다.

고분자 수준의 합성과 분해 과정에도 광학활성의 증폭이 중요하다. D형의 올리고뉴클레오티드는 오른쪽으로 도는 나선 구조를 취할 수 있으므로 D, L체가 혼합된 정확한 나선 구조를 취하지 못하는 올리고뉴클레오티드에 비해서 가수분해되기 어려운 것으로 생각되고 있으며, α-나선이라고 불리는 2차 구조를 취하는 폴리펩티드에서도 마찬가지이다. 또한 단량체를 끌어들여 중합할 때에도 구조를 형성하고 있는 한쪽의 광학활성체를 먼저 선택할 가능성도 있다.

라세미체로부터 광학분할하는 유력한 방법은 선택적 결정화이다. 자발적으로는 D체와 L체의 결정이 개별적으로 성장하는 경우가 있다. D체로부터 L체, L체로부터 D체의 이성화 과정이 존재할 때, 최초의 요동에 의한 한쪽 광학이성체의 결정화가 계 전체의 킬러리티를 한 방향으로 진행하는 것이 가능하다. 또한 수정(水晶)은 지구상에 대량으로 존재하는 규산이 결정으로 된 것인데 규소-산소의 결합이 나선상으로 배치되게 하기 위해서 광활성적인 우수정과 좌수정이 존재한다. 이 가지런히 정돈되지 못한 수정의 표면에서는 D체와 L체의 물질의 흡착에 차가 생긴다는 것이 알려져 있다.

핵산을 연계하다

핵산의 합성 소재

원시 지구상에서 RNA가 합성되었다면 RNA를 구성하는 기본적 분자의 핵산 염기나 리보오스가 무생물적으로 합성되어 축적되어야만 한다. (1) 밀러의 방전 실험에 의해서 개시된 화학진화의 모의실험에 의해서 핵산 염기의 아데닌, 구아닌, 사이토신, 우라실이 쉽게 생성된다는 것, (2) 전파망원경이나 탐사위성에 의한 관측 데이터의 해석으로 미루어 성간물질이나 혜성 속에 핵산 염기의 원료인 사이안화수소나 푸린, 피리미딘의 핵산 관련 화합물이 다수 존재한다는 것, (3) 메탄, 질소, 수계의 방전 실험에서 시티딘, 아데노신, 구아노신, 이노신 등의 뉴클레오시드가 한 번에 생성된다는 것 등이 지금까지 확인되고 있다.

무생물적으로 RNA를 합성하는 경우 원시 수프 중의 리보뉴클레오티드에 대한 연구자의 인식 차이에 의해서 관점이 다른 갖가지 실험이 시도되었다. 크게 나누어 핵산 염기, 리보오스, 인산으로 이루어지는 핵산의 최소 단위인 모노리보뉴클레오티드가 원시 수프 중에 최초부터 존재하고 있었다고 가정하여 더욱 효율이 좋은 RNA 합성의 조건을 검토하는 입장과, 그 존재를 의문시하여 더욱더 간단한 구조로 유사한 기능을 갖는 RNA의 원시형을 고려하는 입장이 있다.

RNA의 무생물적 합성

원시 수프 중에 모노뉴클레오티드가 존재하였다는 전제 조건 하에서 RNA 합성을 행하는 경우, 수용액 중에서 어떻게 효율 높게 탈수반응을 일으키게 하여 $3'-5'$의 인산 디에스테르 결합을 이루게 하는가 하는 문제에 직면한다. 이 탈수반응은 자발적으로 진행되지 않기 때문에 가열이나 축합제에 의해서 탈수해야만 한다. 원시 지구상에서는 사이안화수소나 그것으로부터 유도되는 사이안아미드, 디사이안아미드, 디아미노마레오니트릴, 디이미노석시노니트릴, 사이아노이미다졸, 이미노디이미다졸이나 무기의 폴리인산 등 반응활성적인 화합물이 풍부하게 존재하고 있었으며, 그들이 탈수반응의 축합제로서 작용한 것으로 생각되고 있다.

에너지에 더하여 분자의 집합, 배열 상태도 반응의 고효율화, 고선택성화에 기여하였다고 생각되며, 점토 표면으로의 모노뉴클레오티드 흡착에 의한 농축이나 폴리뉴클레오티드를 주형으로 사용하여 모노머(Monomer) 분자를 규칙적으로 집합배열시키는 시도가 행해져 성과를 올리고 있다.

지금까지 보고된 효율 높은 RNA의 무생물적 합성은 모노뉴클레오티드의 인산 부위가 활성화된 화합물(예컨대 이미다졸로 활성화된 이미다졸리드 등)이나 주형으로서 장쇄의 폴리뉴클레오티드를 필요로 한다. 예컨대, 주형 존재하에서 최고 50량체 이상의 중합체가 얻어지고 있다. 그러나 이 경우 활성체는 유기용매 중에서 합성된 것이 사용되고 있으며, 반응 효율이 낮다고 생각되는 원시 바다의 환경하에서는 100% 활성화가 어렵다. 활성화가 불충분한 뉴클레오티드를 주형상에 배열시켜 중합을 시도하면, 인산 디에스테르 결합보다도 2개의 인산기끼리가 축합한 피로인산 결합의 형성이 우선하며 장쇄의 중합체를 얻는 것은 어렵다. 또한 주형이 되는 장쇄의 폴리뉴클레오티드가 최초에 어떻게 하여 생성되었는가 등 원시 지구상에서 가능한 합성 과정으로서는 문제점이 많다.

분자 집합장을 이용한 RNA 합성

우리들은 화학진화의 과정에서 저분자로부터 고분자가 합성되어 가는 체계에 '자기 조직화'라는 기본 원리가 작용하고 있

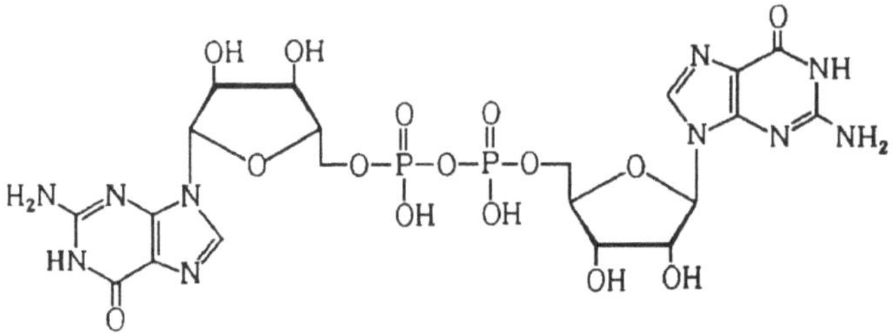

〈그림 7-3〉 디구아노신 피로포스페이트(GppG)의 구조

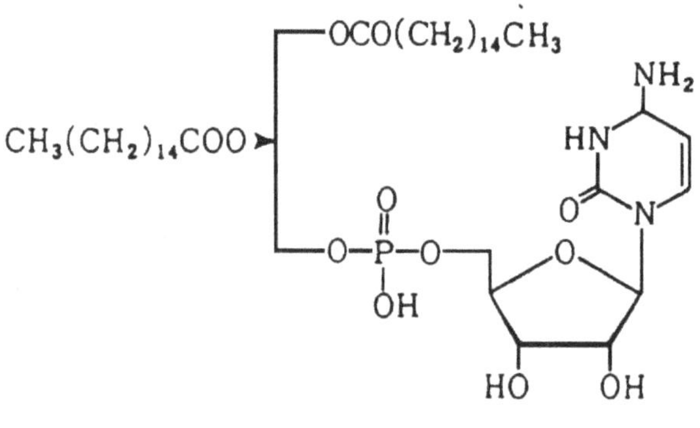

〈그림 7-4〉 5´-포스포티딜시티딘의 구조

는 것이 아닌가 하고 생각함으로써 자기 집합장을 이용한
RNA의 합성 모델을 검토하였다. 자기 조직화란 시스템의 활동
그 자체에 의해서 시스템의 구조가 점차 변화하여 조직화하여
가는 것을 말한다. 결정화나 상분리(相分離)에서 보이는 것과 같
이 자기 집합은 기본적인 물리화학적 프로세스이다. 현재 생체
에서 사용되고 있는 물질의 분자화학 특성에 그 진화의 논리성
을 구하고자 하는 시도는 생명 기원의 연구에 새로운 관점을

제공해 주는 것으로 보인다. 구체적 방법으로 뉴클레오티드 자신으로 자기 집합하는 계로서 젤(Gel)형 성능을 갖는 디구아노신 피로포스페이트(GppG, 〈그림 7-3〉)를, 또한 자기 집합능을 갖는 다른 분자의 힘을 빌려 모노머 분자를 집합시키는 계로 핵산과 지질을 연결한 5′-포스포티딜뉴클레오시드(그림 7-4)를 사용하여 자기 집합이나 중합반응을 검토하였다.

겔의 형성

구아노신-5′-인산 및 그 유도체가 저온, 산성 조건으로 겔을 형성하는 것은 이전부터 알려져 있다. 겔이란 한천(우뭇가사리)이나 젤라틴(Gelatin)과 같이 젤리 상태로 굳어지게 한 것을 말한다. 최근 우리들은 구아노신-5′-인산과 원시 지구상에 존재하고 있었다고 생각되는 축합제 N-사이아노이미다졸의 반응에서 쉽게 합성되는 피로인산화합물 GppG가 실온, 중성 조건으로 강한 겔을 형성하는 것을 발견하였다. 겔을 전자현미경으로 관찰하면 긴 끈 모양의 구조체가 많이 보인다(〈그림 7-5〉의 a). 화상 해석 결과 끈 모양 구조체는 나선 구조를 갖고 있다는 것을 알게 되었다(〈그림 7-5〉의 b). 형성된 GppG의 겔은 염기의 구아닌 부분이 4개 서로 수소결합하여 평면층을 만들고, 이것이 회전하여 겹쳐 쌓인 선상 고분자 모양 자기 집합체의 생성에 의한 것으로 추측된다. 이 겔은 저온이나 산성의 조건으로 하면 강도가 증가하며 식염(NaCl) 등을 가하면 더욱더 강해진다.

피로인산 결합은 인산기가 활성화된 상태라고 생각할 수 있다. 현존하는 생물의 RNA 연결효소에 의한 RNA의 합성반응은 피로인산 결합을 형성하여 진행하고 있다. 그러므로 GppG

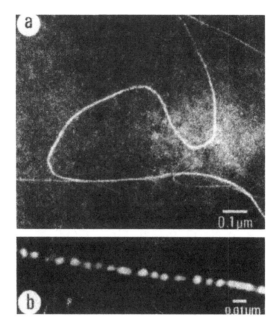

〈그림 7-5〉 GppG 겔의 전자현미경 사진(a)과 그 화상
해석상(b). 1μm=1/1,000㎜

로부터 구아닐산의 중합체로의 변환(變換)이 기대된다. 실제로
GppG를 출발 재료로 하여 구아닐산의 중합체를 합성하는 것
을 검토한 바 있다. 수용성의 축합제를 사용하여 GppG와 이
미다졸을 함유하는 수용액을 실온에서 반응시킨 결과, 원료의
GppG는 거의 소실하고 대신 5가지의 주 생성물이 존재한다는
것이 분석에 의해서 명백해졌다. 생성물은 질량분석법, 효소소
화법 등으로부터 분자 내에 피로인산 결합과 인산 디에스테르
결합을 하는 구아노신 뉴클레오티드 중합체의 혼합물(2~6량체)
로 추정되었다. 또한 반응이 겔을 수반하는 자기 집합체 형성

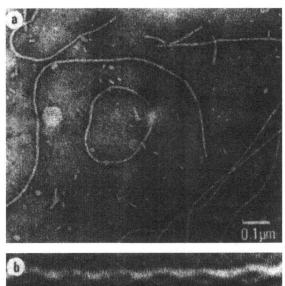

〈그림 7-6〉 5′-포스포티딜시티딘으로부터 형성된 직선상의
나선 구조체의 전자현미경 사진(a)과 그 화상
해석상(b). 1 Å = 1/1,000,000㎜

에 강하게 영향 받는다는 것을 알게 되었다.

최근 텔로미어라는, 진핵생물의 직쇄상 염색체 DNA 말단 부
분의 구아닌에 풍부한 부위로서, 구아닌과 구아닌이 분자 내
대합을 하는 특유의 구조가 명백해졌다. 이 결과는 핵산이 왓
슨-크릭형의 기본적인 이중나선 구조 이외에도 다채로운 구조
를 취할 수 있다는 것을 시사하고 있으며, 화학진화의 단계에
서는 GppG의 겔에서 보이는 것과 같은 구아닌과 구아닌의 결
합 쌍도 중요한 역할을 담당하였을 가능성이 있다.

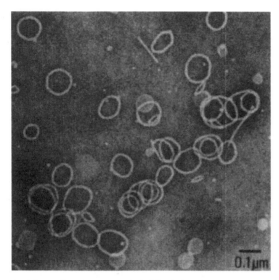

〈그림 7-7〉 5′-포스포티딜데옥시시티딘으로부터 형성
된 나선 구조체의 전자현미경 사진

새로운 나선 구조의 형성

모노뉴클레오티드를 물에 용해하지 않는 소수성(疎水性)의 물
질에 연결한 것은, 수용액 중에서 자기 집합하여 RNA나 DNA
에 유사한 고차 구조체를 형성하는 것이 기대된다. GppG를
사용한 계의 결과로 미루어 생각할 때 구조체를 부여하는 계의
반응은 분자를 집합, 배열시키는 점에서 흥미롭다.

우리들이 소수성의 인지질과 뉴클레오시드를 연결한 복합체,
5′-포스포티딜뉴클레오시드를 합성하고 그 수용액 중에서의 자
기 집합을 조사한바, 핵산-지질복합체가 RNA에 유사한 직선상
이나 환상의 나선 구조체를 형성한다는 것을 발견하였다. 예컨
대, 5′-포스포티딜시티딘(그림 7-4)은 0.05몰 KCl 존재하에서

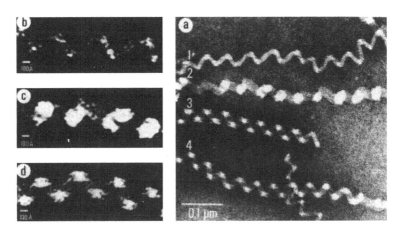

〈그림 7-8〉 5′-포스포티딜데옥시시티딘으로부터 형성된 초나선 구조의 전자
현미경 사진(a)과 그 화상해석상(1, 2, 4의 나선 구조체의 화상해석상
이 각각 b, c, d에 대응하고 있음)

는 직선상의 나선 구조체를 형성한다(〈그림 7-6〉의 a). 또한 보
다 고농도(0.1~0.2몰)인 조건하에서는 0.05~0.15㎛의 환상 나
선 구조체가 만들어진다(그림 7-7). 직선상의 나선 구조체를 화
상 해석(畵像解析)하여 더욱 상세히 조사해 보면 100Å의 지름
과 240Å 길이의 피치를 지니고 있음을 알 수 있다(〈그림 7-6〉
의 b). 헬릭스는 오른쪽으로 도는 이중나선 구조이다. 또한 5′-
포스포티딜데옥시시티딘은 겹가닥 혹은 이중 겹가닥의 초나선
구조를 형성한다(〈그림 7-8〉의 a~d).

시티딘 이외의 뉴글레오시드 복합체에서도 마찬가지의 나선
구조체가 형성된다. 〈그림 7-4〉에서 긴 알킬 쇄 부분이 물에
용해되지 않는 소수기로서, 인산 부분이 친수기이다. 나선 구조
체의 형성에는 소수기끼리의 집합이나 핵산 염기 간의 수소결
합과 겹쳐 쌓임이 필요하다. 이들 결과는 저분자 뉴클레오티드

중에 분자 고유의 특성으로서 나선성이 존재한다는 것을 나타
내고 있어, 핵산의 진화를 생각하는 데 있어 흥미로운 것이다.
5′-포스포티딜뉴클레오시드로서 형성된 끈 모양의 구조체와 같
은 비공유결합으로 배열된 모노뉴클레오티드 유도체가 원시
RNA로서 작용하였는지 어떤지는 분명하나, 핵산 염기 부분의
겹쳐 쌓임을 이용하여 NADP와 같은 보효소를 취입하여 촉매
작용을 행하는 것이 가능하였는지는 모를 일이다. 또한 주형으
로서 작용하여 모노뉴클레오티드의 중합을 촉진했다고도 생각
할 수 있다. 이처럼 자기 집합에 의해서 형성된 장은 새로운
기능을 획득하면서 고차 조직체를 향하여 진화되었을 가능성이
있다.

원시 RNA

RNA 합성의 출발 재료

무생물적인 RNA 합성의 출발 재료는 무엇이었을까? 원시
수프 중의 RNA 출발 물질에 대한 연구자의 인식 차이에 의해
서 관점이 다른 갖가지 실험이 지금까지 시도되어 왔다. 크게
나누어 모노리보뉴클레오티드보다도 간단한 구조로서 유사한
기능을 갖는 RNA의 원시형을 고려하는 입장과, 모노리보뉴클
레오티드의 존재를 전제로 하여 보다 효율이 좋은 RNA 합성
의 조건을 검토하는 입장이 있다.

원시 지구상에 모노리보뉴클레오티드가 충분한 양으로 존재
하였는가의 여부에 대해서는 리보오스의 화학적 안전성과 이성

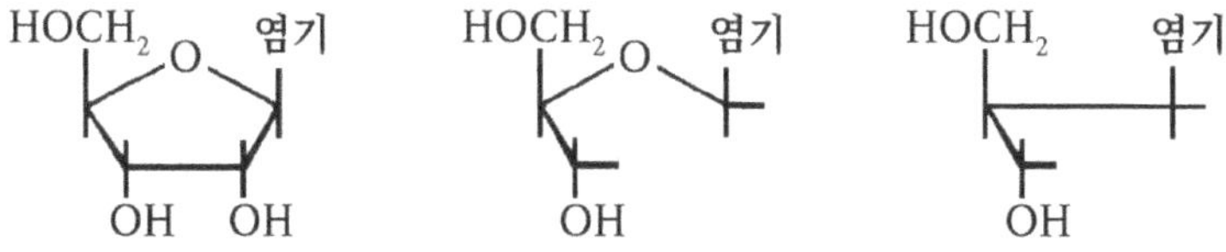

〈그림 7-9〉 뉴클레오시드 및 비환상 뉴클레오시드의 구조
Ⅰ : 뉴클레오시드   Ⅱ: 글리세롤에서 유도된 비환상 뉴클레오시드
Ⅲ: 아크롤레인으로부터 유도되는 뉴클레오시드 유도체(Joyce 등, 1987)

체(원소 조성은 같으나 성질이 다른 화합물)의 수, 광학활성의 관점
등에서 문제가 많다. 예컨대, 출발 물질의 광학활성은 그 중합
반응에 있어 중요하다. 광학활성이란 좌우의 원편광(圓偏光)에
대해서 편광면이 회전하는 성질을 말하며, 그 회전이 시계 방
향일 때를 우선성, 반대 방향일 때를 좌선성이라고 한다. 주형
을 사용한 RNA의 중합반응에서 출발 물질로서 우선성과 좌선
성 단량체의 등량 혼합물을 사용한 경우에는 우선성의 단량체
단독일 경우에 비하여 반응 효율이 극도로 저하한다. 그 광학
활성의 문제를 해결하는 한 가지 방책으로는 당의 리보오스 부
분의 환을 연 뉴클레오티드 유사체를 출발 물질로 사용하는 것
을 고려할 수 있다. 예컨대, 〈그림 7-9〉에서 보는 바와 같이
글리세롤, 포름알데히드, 핵산 염기로 합성된다고 생각되는 Ⅱ
의 화합물이나, 방전 실험 주 생성물의 아크롤레인(Acrolein)과
포름알데히드, 핵산 염기를 원료로 하는 Ⅲ의 2인산 유도체가
그 후보에 올라 있다. 실제로 Ⅱ의 2인산을 활성제로 변환하고
서 주형상에서 중합시키면 피로인산 결합으로 연결된 중합체가
생성되는 것이 확인되고 있다. 마찬가지 관점에서 폴리-1, 3-

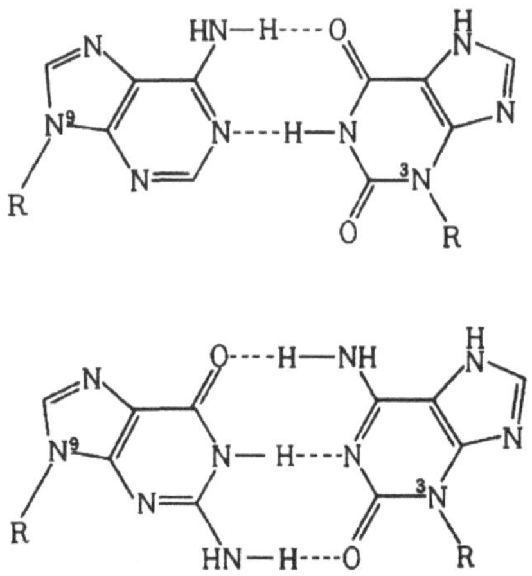

〈그림 7-10〉 푸린-푸린 염기 간의 수소결합. 위는 N9-아데닌(좌)과 N3-크
산틴(우) 간의 수소결합, 아래는 N9-구아닌(좌)과 N3-이소구아
닌(우) 간의 수소결합. R=리보오스(Wachtershauser, 1988)

글리세롤 유도체도 원시 RNA의 구성 성분으로서 주목된다.

염기쌍 형성의 다양성

원시 RNA의 구성 성분으로서 핵산 염기의 부분은 어떠하였
을까? 현재 생물의 RNA 염기 부분은 푸린 염기의 아데닌(A)과
구아닌(G), 피리미딘 염기의 우라실(U), 사이토신(C)으로 이루어
져 있다. A와 U, G와 C가 각각 염기쌍을 형성하고 있다. 그러
나 아데닌, 크산틴(Xanthine), 구아닌, 이소구아닌(Isoguanine)의
푸린 염기만으로도 〈그림 7-10〉에 나타낸 바와 같이 왓슨-크
릭형의 염기쌍이 가능하다. 이것은 주형을 사용하여 무생물적
으로 RNA를 합성할 때 피리미딘 염기 중합체를 주형으로 하
는 경우에는 푸린 뉴클레오티드가 중합하나, 역으로 푸린 염기

의 중합체를 사용한 경우에는 피리미딘 뉴클레오티드가 중합하지 않는다는 실험 결과를 근거로 한 것이다. 즉, 피리미딘 염기의 중합체에는 푸린 뉴클레오티드가 잘 붙으나, 푸린 염기가 상호작용하는 경우에는 3번째 질소에 리보오스가 붙은 N3위 결합의 푸린류를 고려함으로써 U나 C와 같은 전자 배치의 염기쌍 형성이 가능하게 된다. 실제로 N3형의 뉴클레오티드도 생체 내에서 발견되고 있으므로, 생성의 쉬움에서 생각하면 9번째 질소에 리보오스가 붙은 N9형과 비슷한 정도의 비율로 원시 수프 중에 존재하고 있었는지도 모를 일이다.

핵산의 가닥 신장

RNA의 가닥 신장

원시 RNA는 어떻게 그 가닥을 신장하여 갔을까? 그 한 가지 모델로서 다음과 같은 시나리오를 생각할 수 있다. 즉, 모노뉴클레오티드가 최초로 생성되고 그것이 여러 개 연결되어 올리고뉴클레오티드가 된다. 다음으로 그것을 주형으로 하여 상보적인 올리고뉴클레오티드가 합성되며 주형상을 뻗어 나가면서 말단이 조금씩 신장하여 길어진다. 어느 정도 긴 가닥의 폴리뉴클레오티드가 생겼을 때 일시적으로 온도기 상승하면 RNA의 겹가닥은 풀어져서 외가닥이 되며, 그것이 주형이 되어 또 그곳에 모노뉴클레오티드의 중합이 일어난다.

배열의 특이성

그러면 그와 같은 기구로서 무생물적으로 올리고뉴클레오티드가 합성된다면, 어떠한 배열의 올리고뉴클레오티드가 최초로 형성되었을 것인가? 그 배열에 특이성이 있었을 것인가? 만약 특이성이 보였다면 무엇에 기인하는 것이었을까?

이들 의문에 대해서는 현존 생물 RNA의 인접 염기의 출현 빈도 분석 결과가 한 가지 힌트를 얻게 해 준다. 미국의 생화학자 콘버그(Kornberg, 1959년 노벨 의학생리학상 수상) 등은 대장균의 DNA 중합효소를 사용하여 세균의 DNA계에서 뉴클레오티드가 둘 연결된 디뉴클레오티드의 상대 출현 빈도를 조사하였다. 그것에 의하면 CG나 GC의 상대 출현 빈도는 매우 높고 TA의 그것은 매우 낮다. CG나 GC의 상대 출현 빈도는 TA의 그것의 10배이다. 또한 갖가지 파지의 DNA 단편의 융해 에너지로부터 디뉴클레오티드의 안정성을 견적할 수가 있다. 즉, GC의 안정화 파라미터(Parameter)가 제일 크고 TA의 그것은 제일 작다. 최근 우리들도 뉴클레오티드가 4개 연결된 테트라뉴클레오티드 배열의 출현 빈도를 DNA와 데이터베이스로 검색한바, GC의 배열을 함유하는 테트라뉴클레오티드의 출현 빈도는 TA의 배열을 함유하는 그것에 비해 매우 높다는 것을 발견하였다. 또한 DNA의 구조 해석으로 미루어 TATA 배열의 테트라뉴클레오티드는 ATAT나 AATT 배열의 그것에 비해 명확한 이중 가닥이 구조를 취하기 어렵다는 것이 명백해지고 있다.

어떤 길이의, 어떤 배열의 뉴클레오티드가 상보적 겹가닥을 만들면서 무생물적 주형 합성으로 가닥을 신장하여 갈 때, 겹가닥 구조의 안정성이 너무 지나치거나 낮아도 그 효율은 저하한다고 생각되고 있다. 그러므로 AGCU의 4개 염기가 적당히 조합된 배열이 출현하였는지 모를 일이다.

실험실에서 합성 가능한 가닥

현재 실험실에서 어느 정도 길이의 올리고뉴클레오티드까지 합성될 수 있을 것인가? 오겔 등에 의해서 행해진 구아노신-5′-포스포이미다조리드를 출발 물질로 사용한 중합에서는 최고 60가닥의 올리고구아닐산이, 우리들의 축합제를 이용한 올리고아데닐산의 중합에서는 48가닥의 올리고아데닐산이 얻어지고 있다. 이들의 길이는 현재 가장 원시적인 RNA라고 생각되고 있는 tRNA의 73~93잔기에 상당히 가까운 길이이다. 그러므로 현재의 tRNA 정도 길이의 원시 RNA가 전혀 효소(단백질)의 도움 없이 무생물적 축합재에 의해서 합성되었을 가능성이 높다.

중복배열

100잔기보다 약간 짧은 tRNA와 1,000잔기보다 약간 짧은 rRNA 사이에는 가닥의 큰 차이에도 불구하고 몇 가지 유사점이 보인다. 그 한 가지는 2차 구조의 형성이며 다른 한 가지는 염기배열의 반복이 보인다는 점이다. 즉, tRNA와 rRNA는 공동의 짧은 올리고 RNA를 조상으로 하여 자기 복제와 중복에 의해서 진화하여 온 흔적이 있다.

이와 같은 짧은 가닥의 뉴클레오티드의 반복은 DNA에서도 발견되고 있다. 미국의 시티 오브 호프(City of Hope) 연구소의 오오노(大野乾) 씨 등은 2,500가닥의 DNA 배열에 GATA,

TATC 같은 테트라뉴클레오티드의 반복이 다수 존재한다는 것을 발견하였다. 오오노 씨는 다시 송어나 연어의 정자핵 내에 있는 DNA 결합 단백질인 프로타민의 DNA 배열 중에서 2종의 9가닥 뉴클레오티드(GGCCGCAGG, AGAGGACGC)와 더욱 원시적인 CGAGG와 같은 반복 배열을 발견하였다. 그리하여 이와 같은 각종 유전자를 구축하는 반복원형을 원조원형이라고 부른다.

그러면 RNA나 DNA 중에서 보이는 짧은 가닥 올리고머(Oligomer)의 반복배열은 어떻게 하여 생겨난 것일까? DNA는 RNA가 어느 정도 진화한 후 RNA를 주형으로 하여 DNA를 합성하는 역전사효소 등에 의해 RNA로부터 전사되어 보존됨으로써 생겨난 것으로 생각되므로, 짧은 가닥 올리고머의 반복은 RNA의 진화와 발전의 단계에서 생겨났다고 생각된다. 앞에서 설명한 바와 같이 복제 효율이 좋은 배열이 RNA의 짧은 가닥의 반복배열로서 유력한 후보인 것이다. 또한 짧은 가닥 RNA 간의 인산 디에스테르 결합을 형성시키는 것으로서 사이안아미드, 브로민화사이안, 염화사이안, N-사이아노이미다졸, N, N′-이미노디이미다졸과 같은 사이안화수소로부터 유도되는 화합물이나 폴리인산화합물과 같은 무생물적 축합제가 큰 역할을 맡았음이 틀림없다.

RNA가 먼저인가, 단백질이 먼저인가?

패러독스(역설)의 검증

전사, 번역의 과정은 최초의 원시 생명에도 존재하였을 것인가? 이들 과정은 현존 생물에서는 모두 효소(단백질)의 촉매작용에 의해서 행해지고 있다. 핵산이 단백질을 만들고 그 단백질이 핵산을 만든다는 도식은 자기 모순의 패러독스이다. 출발점이 있어야만 한다. 그러면 이 지구상에는 핵산과 단백질 중 어느 쪽이 먼저 출현하여 생명이라는 것을 만들어 내었을까?

자기 복제되는 촉매 기능을 지닌 리보자임과 같은 RNA가 최초에 출현하였을 것인가? 핵산이 최초로 출현하였다는 설은, 전술한 바와 같은 센트럴 도그마와도 합치하고 있으므로 받아들이기 쉬우나 다음과 같은 문제점이 있다.

(1) 리보자임은 RNA 중합활성을 지니고 있다고 하나 실제로는 불균형화 반응, 즉 1개를 절단하고 1개를 연결할 수 있는 디스무타아제 활성이며 가닥 연장은 어느 길이까지 가면 정지되어 버려 긴 가닥의 뉴클레오티드는 얻어지지 못한다. 그 때문에 자기 복제하는 진짜 RNA는 아직 발견되지 못하고 있다.

(2) 중합활성도 올리고 시티딜산뿐으로(올리고 우리딜산은 근소) 특이성이 지나치게 많다. 또한 단일 염기 조성의 뉴클레오티드는 합성되나 4종이 들어 있는 혼합 뉴클레오티드는 합성되지 못한다.

(3) 리보자임이 고생물의 화석이라는 증명은 아직 불충분하다.

(4) 원시 RNA는 과연 모노뉴클레오티드로부터 합성되는 것일까? 리보자임과 같은 촉매활성을 갖는 400잔기 정도의 폴리뉴클레오티드가 어떻게 하여 합성되는 것일까? 현 단계로서는 40~50잔기 정도의 올리고뉴클레오티드를 무생물적으로 합성할 수 있다. 그러나 이것은 실험실 내 모델계에서의 결과이며, 주형 없이 합성한다는 것과 선택적으로 3′, 5′-인산 디에스테르 결

합을 만드는 것은 아직 곤란하다.

(5) RNA만으로 어떻게 하여 단백질을 합성할 수 있는 시스템을 구축하였을까?

한편 단백질이 먼저 출현한 근거로서 다음과 같은 이유를 고려할 수 있다. (1) 운석 중에는 아미노산이 핵산보다 풍부하게 존재하고 있어 우주 화학적으로도 아미노산 쪽이 핵산보다 만들어지기 쉽다. (2) 가능한 한 원시 지구에 가까운 환경하에서의 모의실험에 따르면, 폴리펩티드 쪽이 폴리뉴클레오티드보다도 생성되기 쉽다. (3) 우리들은 지금까지 무생물적으로 합성된 폴리펩티드가 이미 유의한 입체 구조와 촉매활성을 지니고 있다는 것을 명백히 알고 있다. (4) 아미노산을 갖가지 원시 지구 환경하(갯벌, 따뜻한 바다, 해저의 고온 열수 분출공)에서 반응시키면 세포 모양의 구조가 생긴다. 이와 같은 것들이다. 〈그림 7-11〉에서 우리들이 지금까지 원시 지구 환경하에서 합성한 세포 모양의 구조를 보여 주고 있다.

그럴듯한 시나리오

원시 시대의 RNA와 단백질의 관계는 다음과 같은 시나리오로 전개되어 갔을 것으로 생각된다.

무생물적 조건으로 생명의 구성물질이 합성된다는 것은 화학 진화의 모의실험, 운석 중 유기물의 분석, 혜성이나 우주 공간에 있어서의 유기물 관측 등으로서 명백해지고 있다. 그러므로 원시 지구상에서 형성된 원시 수프 중에는 아미노산이나 모노뉴클레오티드 등 다종다양한 유기물이 함유되어 있다. 원시 수프 중의 모노뉴클레오티드는 스스로 집합하거나 주형이나 점토

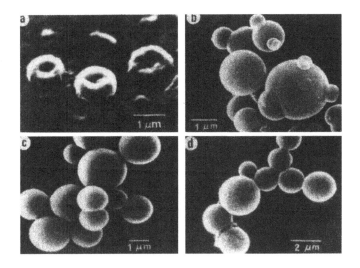

〈그림 7-11〉 갖가지 원시 지구 환경에서 합성된 세포 구조
(1μm= 1/1,000mm)
a: 글리신, 알라닌, 발린, 아스파라긴산의 아미드의 혼합물을 80℃
로 가열, 증발, 건고(乾固)를 반복하여 합성된 단백질막. 이것은
갯벌의 환경을 초래하고 있음
b, c: 9종류의 아미노산화합물을 '수식해수'라고 불리는 모의해수
중에서 105℃로 가열하면 생성되는 조직 입자. 마리그라눌(b)과
그 전구체의 마리솜(c)으로 명명되고 있음. 이것은 따뜻한 바다
의 환경을 초래하고 있음
d: 글리신, 알라닌, 발린, 아스파라긴산의 혼합물을 고온 열수 환경
하(250℃)에서 가열하면 생성되는 미소구체. 이것은 해저 열수
분출공의 환경을 초래하고 있음

표면상에 집합하거나 하여, 무작위적으로 중합을 반복하여 서
서히 가닥을 연장하여 갔을 것으로 생각된다(그림 7-12).
　이 중에서 자기 절단, 자기 스플라이싱, 자기 복제 등의 기능
을 갖는 것이 나타나 RNA의 촉매작용으로 작동하는 대사계가

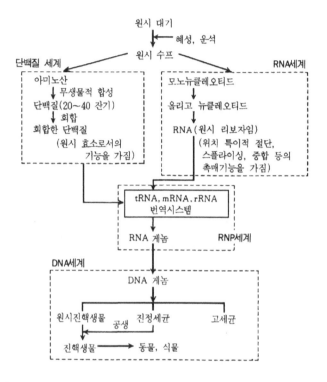

〈그림 7-12〉 원시 수프로부터 RNA의 세계, RNP의 세계, DNA의
세계로 발전

발생, 진화하여 RNA의 세계를 구축하였다. 한편 원시 수프 중
의 아미노산도 무생물적으로 중축합하여 20~40잔기의 폴리펩
티드를 형성하였다. 이 폴리펩티드 중에서 현재의 단백질 촉매
활동에 비하면 매우 약하나, 그러면서도 다양한 기능을 갖는
것이 나타났다. 이 폴리펩티드는 앞선 폴리뉴클레오티드와 더
불어 협력함으로써 폴리뉴클레오티드나 폴리펩티드 단독으로서
는 지닐 수 없었던 새로운 기능을 갖는 원시 RNP(리보뉴클레오

프로테인)의 세계를 구축하였다. 이 단계의 RNA는 단백질의 도움을 받아 촉매를 만들었을지도 모를 일이다. 전술한 바와 같은, RNA와 단백질이 협력함으로써 기능하는 리보뉴클레아제 P나 단백질 합성계 등은 이 RNP 세계 시대의 분자화석이라고도 생각할 수 있다.

무생물적으로 합성된 단백질은 활성은 낮았으나 단백질 합성계 구축의 초기 단계에서는 적극적으로 관여하였다. 그러나 이것은 RNA 배열에 의존한 보다 활성이 높은 것으로 서서히 치환되어 갔다. RNA에 의존한 단백질의 합성 장치가 만들어져서 진화는 한층 가속되어 기능의 다양성이 증가하였다. 더욱이 RNA는 더욱 안정한 DNA를 만들어 중심명제를 확립하고 DNA의 세계를 구축하였다.

8장
RNA의 조상을 살핀다

원시 생명의 흔적을 분자로 살핀다

진화를 거슬러 오르다

다윈(Darwin)은 지구상 생물의 다양성을 관찰함으로써 변이나 자연선택 등의 진화 법칙을 발견하였다. 다윈 이후 분자 생물학의 급속한 진전에 의해서 생물의 기본적인 것에 관해서 놀라울 정도의 지식이 축적되었다. 이것을 근간으로 하여 진화의 과정을 생명이 탄생한 시대까지 거슬러 올라갈 수 있을까? 화석의 증거를 기초로 하여 진화의 역사를 더듬어 보기로 하자.

인류의 조상은 400만~600만 년 전 유인원(類人後)에 가장 가까운 침팬지와 같은 원숭이에서 갈라진 곳으로부터 시작하였다고 한다. 영장류(靈長類)의 조상을 더듬어 가면 다람쥐류(Tupaia)가 된다. 이것은 두더지와 같은 식충류로서 나무에 올라갈 수 있게 된 것이다. 2억 수천만 년이나 번성하였던 공룡이 6500만 년 전 돌연 멸망하였을 때 이들 식충류는 폭발적으로 증가하기 시작하였다. 식충류 등 하등 포유류의 조상을 거슬러 오르면, 공룡 등과의 공통의 조상으로 3억 년 전에 번성하였던 파충류를 거쳐 3억 5천만 년 전의 양서류에 이른다. 4억 2천만 년 전경이 되면 모두 해서(海棲)생물이 되어 버린다. 그 시대에는 육상생물은 아직 출현하지 않았다. 더욱 시대를 거슬러 올라가면 6억 년 전의 다세포생물 시대가 되며 그 앞의 13억 년 전에는 인간과 공룡의 조상이 되는, 세포 속에 핵을 지닌 진핵세포가 출현한 시대가 되며, 그보다도 앞은 세포 속에 핵을 지니지 않은 세균이나 남조(藍藻)가 번성하였던 시대가 된다. 6억 년 전의 선캄브리아 시대보다도 이전의 화석에는 맨눈으로 볼 수 있는 생물은 존재하지 않는다. 화석 중의 생물은 세균과 같은 미생물이기 때문에 맨눈으로 보이지 않는다. 현미경의 힘을 빌려야만 한다. 이처럼 현미경 관찰에 의해서만 보이는 미생물의 화석을 미화석(微化石)이라고 한다. 미화석을 찾아 거슬러 올라가면 생명이 탄생한 시대의 원시 생명이 발견될 수 있을 것인가?

원시 생명의 화석

화석이 많이 남아 있는 시대는 그 지층(地層)의 연대 순서를 알기 쉽다. 그러나 화석이 매우 적은 선캄브리아 시대의 경우에는 그 연대를 알 수 없다. 그러던 중 최근 암석 중에 함유된 방사성 원소를 조사함으로써 그 연대가 정확히 알려지게 되었다. 방사성 원소는 각각 고유의 속도로 방사선을 방출하면서 다른 원소로 변해 간다. 예컨대, 우라늄(U)은 납(Pb)으로, 칼륨(K)은 아르곤(Ar)으로, 루비듐(Rb)은 스트론튬(Sr)으로 붕괴한다. 즉, 방사성 원소는 각각 고유의 반감기(원래의 원소가 반으로 감소할 때까지의 시간)를 갖고 있으므로 암석 중의 방사성 원소 양과 그것으로부터 변화한 원소의 양을 측정하면 그 암석이 언제 생겨났는가를 알 수 있다. 이 연대 측정법이 개발됨으로써 선캄브리아 시대 지층의 연대가 정확히 구해지게 되었다.

미화석 연구는 1960년대 이후 활발하게 행해지게 되었다. 예컨대, 남아프리카 온바왈트층의 35억 년 전 퇴적암에서는 미화석이 발견되고 있다. 또한 호주 서부의 노스폴 거리의 와라우나층의 퇴적암 속에도 미화석이 들어 있다. 특히 주목되는 것은 이 와라우나층의 퇴적암 속에서 남조의 미화석이 발견된 것이다.

지금까지 그린란드의 이수아라는 곳에서 38억 년 전의 퇴적암이 발견되었다. 그러나 이 퇴적암은 격렬한 지각변동을 받아 고온과 고압의 조건에 노출되어 있었다고 한다. 따라서 생물 같은 유기물은 분해되어 버렸을 가능성이 높다. 지금까지 효모와 같은 형상을 한 미화석이 발견되고 있으나 그 수가 매우 적어 설득력이 없다.

노스폴의 경우는 고온과 고압에 의해서 변성(變成)을 받지 않고 있으며 동시에 스트로마톨라이트(Stromatolite)가 발견된 점에서 매우 설득력이 있다. 스트로마톨라이트는 남조에 의해서 만들어지는 줄무늬 모양의 암석 덩어리이다. 남조는 점액을 지니고 있으므로 해중의 모래나 진흙의 미립자를 자기 몸 주위에 붙여 고정하면서 성장한다. 그 때문에 암석이 줄무늬 모양으로 퇴적하여 둥근 버섯과 같은 모양의 암석 덩어리가 된다. 이와 같은 스트로마톨라이트는 같은 호주의 노스폴로부터 남쪽으로 1,000km 내려간 하메린풀의 만 내에 지금도 많이 군생(群生)하고 있다. 이 스트로마톨라이트는 5000년 전부터 폭발적으로 번식하기 시작한 것으로 추정되고 있다.

남조는 세균과 같은 원핵생물에 속하나 식물과 마찬가지로 광합성을 하는 능력을 지니고 있다. 광합성은 이산화탄소와 물로부터 태양의 에너지에 의해서 탄수화물을 만들며 산소를 방출하는 반응으로, 남조의 경우 세포막으로부터 신장한 주름 속의 장치로 광합성을 하고 있다. 이처럼 복잡한 체계의 광합성 장치를 지닌 남조는 원핵생물 중에서도 고등으로, 산소가 필요하지 않은 혐기성세균과 같은 더 열등한 생물로부터 진화해 온 것으로 생각되고 있다. 최초의 원시 지구에는 산소가 거의 존재하지 않았다. 그러므로 생명이 탄생한 당시는 혐기성의 생물이 크게 번성하고 있었다. 그 후 남조가 출현하고 산소를 방출하며 축적하기 시작하자, 혐기성생물에게 있어 산소는 유독하므로 점차 사멸하거나 산소가 없는 환경 속으로 쫓겨나게 된 것이다. 그 결과 다음 세대에는 산소가 있어야 하는 호기성생물이 크게 번영하였다.

남조가 35억 년 전에 이미 존재하고 있었다면 더욱 원시 생명의 탄생은 그것보다도 더 오래된 것이 된다. 원시 생명의 탄생은 종래 생각되어 오던 연대보다도 더욱더 오래되었으며 40억 년 가까이 거슬러 올라갈지도 모른다.

rRNA에 근거한 계통수

5SrRNA는 단백질 합성 공장의 리보솜의 구성 요인 중에서 가장 작은 RNA이다. 그 염기수는 불과 120 정도이기 때문에 새로운 염기배열 결정법의 개발과 더불어 지금까지 200여 종 이상의 것의 염기배열이 결정되고 있다. 5SrRNA는 보편적이며 그 구조와 기능이 잘 보존되고 있다. 히로시마대학의 호리 씨와 나고야대학의 오오자와(大澤省三) 씨는 〈그림 8-1〉에서 보는 바와 같은 5SrRNA에 근거하여 계통수를 만들고 있다. 그것에 의하면 약 18억 년 전 원시 생물로부터 진정세균과 기타 생물이 우선 분기(分技)되었다. 또한 15억 년 전경 원시 진핵생물로부터 메탄세균이나 호염균(好鹽菌) 등 소위 '고세균'이 분기되었다. 13억 년 전부터 진핵생물의 다양화가 진전되어 홍조(紅藻), 균류(菌類), 녹조(綠藻) 등의 식물, 아메바(Amoeba)나 섬모충(織毛

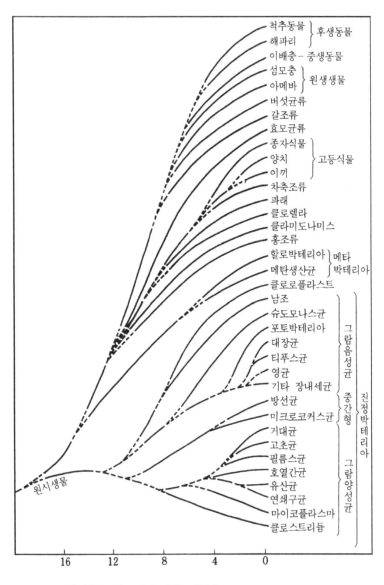

〈그림 8-1〉 5SrRNA의 계통수(Hori, Osawa, 1984)

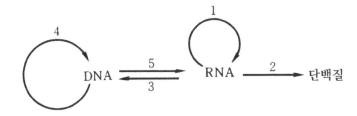

〈그림 8-2〉 새로운 도그마. 숫자는 진화의 순서를 표시함

蟲) 등의 원생동물(原生動物)을 거쳐 고등동물, 사람으로 분화되어 갔다. 진정세균은 또한 그람(Gram) 음성균, 그람 양성균, 중간형으로 분기하였다.

또한 우즈는 16SrRNA에 근거한 계통수를 작성하고, 진핵생물과 고세균과 진정세균은 공통의 조상 생물로부터 각각 독립적으로 분기되었다고 위치를 정하고 있다.

RNA계로부터 RNP, DNA계로

테트라히메나는 원생동물에 속하는 섬모충으로서, 이 테트라히메나에서 자기 스플라이싱하는 RNA 촉매가 처음으로 발견되었다. 그 후 많은 RNA 촉매가 발견됨으로써 생명은 자기 자신의 복제에 있어 유전자와 촉매의 1인 2역 작용을 하는 RNA로부터 시작되었는지도 모른다고 생각하게 되었다. RNA의 화학적 성질은 이처럼 이원적 역할에 적합한 것이다. RNA는 상호 보완적 염기쌍을 만들 수 있다. 그러므로 RNA는 자기 자신의 복제에 주형으로서 유용하다. RNA는 정교한 2차 구조나 3차 구조를 만들 수가 있다(〈그림 6-2〉 참조). 그러므로 RNA는 화학적으로 반응활성적인 기를 적당한 위치에 배치할 수가 있으며 촉매로서 기능할 수도 있다. 현재의 RNA 촉매로서 알려진 것처럼 RNA의 2′와 3′ 수산기는 촉매작용에 있어 직접적인 역할을 하며, 핵산 염기는 부가적인 촉매기로서 역할을 한다. 52뉴클레오티드만큼의 RNA는 이미 정확한 촉매활성을 지니고 있다. 그리하여 이 정도 크기의 RNA는 무생물적인 조건으로 합성된다고 생각되고 있다.

이상과 같은 이유로 〈그림 8-2〉에서와 같이 생명의 역사성을 나타내는 새로운 도그마가 고려된다. 즉, 최초 자기 복제되는 RNA의 세계가 탄생하고 그 후 RNA로부터 단백질이 만들어지는 RNA 세계로 발전하며, 더욱이 유전자가 RNA로부터 DNA로 옮겨져 DNA의 세계가 출현하여 현재의 생명에 이르렀다는 시나리오이다. 그렇다면 그 사실을 검증하기 위해서는 현재의 생명에서 RNA의 세계까지 원시 생명의 흔적이 남아 있는지 어떤지를 분자 수준에서 살펴보도록 하자.

리플리카아제와 RNA의 세계

원시적인 RNA 리플리카아제의 모델

RNA가 유전자와 촉매의 1인 2역 작용을 한다는 것을 증명하는 것은 RNA가 DNA보다 먼저 출현하였는지 모른다는 가설을 검증하는 것도 된다. 이 가설은 번역 과정에서 tRNA와 rRNA의 기능에 근거하고 있다. 이 지구상에 최초로 출현한 RNA 세계에서는 최초의 '살아 있는' 분자는 다른 RNA를 주형으로 사용하여 복제되는 RNA 리플리카아제(RNA 복제효소)였을 것이다. RNA의 세계가 진화하여 각각의 원시 생명 시스템은 다른 촉매 혹은 구조적인 역할을 지니는 RNA의 집단으로 구성되었다. 이들 시스템의 복제는 모두 RNA 리플리카아제에 의존하고 있다. 이 리플리카아제는 $Q\beta$ 파지나 순무 황반 모자이크 바이러스 등의 RNA 리플리카아제와 마찬가지로 RNA를 복제하는 기능을 지니고 있었다고 생각된다.

테트라히메나의 rRNA의 자기 스플라이싱하는 인트론은 RNA 리플리카아제의 분자화석인지도 모를 일이다. 최근 콜로라도대학의 빈 등은 테트라히메나의 리보자임은 프라이머라는 중합반응의 개시에 필요한 뉴클레오티드로서 시티딜산의 5량체, 기질로서 구아닐-3′, 5′-뉴클레오티드(GpN)를 사용하면 RNA의 중합반응에 효율 좋게 촉매가 된다는 것을 발견하였다. 프라이머로서 시티딜산의 5량체를 사용하면 시티딘과 우라딘이 프라이머에 붙어 10~11개 가닥의 올리고뉴클레오티드가 생성된다.

이들 반응의 결과로 미루어 테트라히메나의 리보자임은 리플리카아제와 흡사한 성질을 가지고 있다는 것을 알 수 있다. 그것은 우선 첫째로 중합반응의 개시에 프라이머가 필요하다는 것, 둘째로 기존 리플리카아제와 마찬가지로 가닥 연장은 모노뉴클레오티드 단위의 연속적인 부가가 일어나 5′에서 3′ 방향으로 신장한다는 것이다. 또한 셋째로 이 리보자임은 내부에 프리이머나 기질이 결합하는 부위를 갖고 있다는 것 등이다. 그러나 이 중합반응은 주형의 영향은 받으나 DNA나 RNA 폴리머라아제에서 보이는 것과 같은 주형 의존성이 없거나 가닥 연장의 한계 등 문제점도 있다.

참다운 RNA 리플리카아제이기 위해서는 주형 부분은 리플리

254

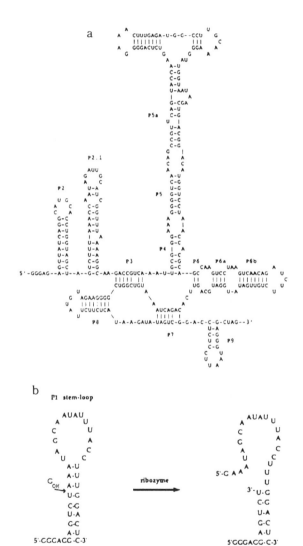

〈그림 8-3〉 테트라히메나의 개조 리보자임(a)과 외부 주형의
　　　　　 P1 부분과 3′ 말단의 부분이 탈락하고 있음
　　　　　 (Doudna, Szostak, 1989)

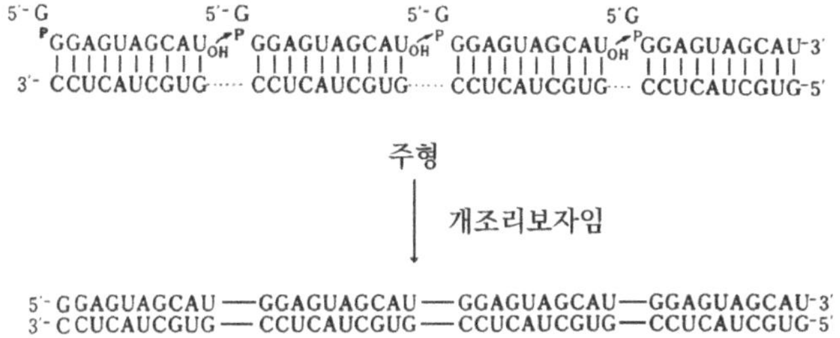

5'- G   5'- G   5'- G   5'G
ᴾGGAGUAGCAU₀ᴴᴾ GGAGUAGCAU₀ᴴᴾ GGAGUAGCAU₀ᴴᴾGGAGUAGCAU-3'
ⅠⅠⅠⅠⅠⅠⅠⅠⅠⅠ ⅠⅠⅠⅠⅠⅠⅠⅠⅠⅠ ⅠⅠⅠⅠⅠⅠⅠⅠⅠⅠ ⅠⅠⅠⅠⅠⅠⅠⅠⅠⅠ
3'- CCUCAUCGUG····· CCUCAUCGUG····· CCUCAUCGUG···· CCUCAUCGUG-5'

주형

개조리보자임

5'- GGAGUAGCAU —GGAGUAGCAU —GGAGUAGCAU—GGAGUAGCAU-3'
3'- CCUCAUCGUG — CCUCAUCGUG — CCUCAUCGUG—CCUCAUCGUG-5'

〈그림 8-4〉 개조 리보자임에 의한 올리고뉴클레오티드의 연결반응과
상호 보완적인 가닥의 합성(Doudna, Szostak, 1989)

카아제와는 별도이며 또한 중합활성은 주형 의존성일 것, 그리
고 임의의 주형배열에 상보적인 배열의 뉴클레오티드를 합성할
수 있는 것 등이 요구된다. 최근 이와 같은 생각에 따라 미국
매사추세츠 종합병원의 소스탁크 등에 의하여 리보자임을 개조
하고자 하는 시도가 이루어졌다. 그들은 5′ 측의 엑손과 인트
론의 연결부와 주형 부분(내부 가이드 배열)을 함유하는 37량체
의 올리고뉴클레오티드(〈그림 8-3〉의 a)를 합성하고, 이것과 이
부분이 탈락한 인트론(〈그림 8-3〉의 b)을 합성하여 혼합하면 구
아노신이 A와 U 사이의 인산 디에스테르 결합을 공격하는 반
응이 일어나는 것을 발견하였다. 전자가 기질이며 후자가 리보
자임(RNA 촉매)이다. 이 반응은 역반응으로도 일어난다. 이들
결과는 종래의 리보자임에서 주형 부분을 잘라 내어 따로따로
가하여도 원래와 마찬가지 형태로 집합하며 촉매활싱을 발현할
수 있음을 의미하고 있다. 또한 몇 개의 주형을 연결하고서 그
배열에 상보적인 3′ 말단에 U를, 5′ 말단에 G를 지니는 올리
고뉴클레오티드를 나란히 하면 연결반응이 일어난다(그림 8-4).
이 연결반응에는 폴리아민의 스페르미딘(Spermidine)이 필수적이다. 그들은 이와 같이 외부에 주형을 갖고 중합이 진행되는 반응에서는 복제능력을 지니는 원시적인 리플리카아제의 모델이 되는 것이 아닌가 하고 생각하고 있다.

RNA의 원시적인 복제기구

무생물적으로 무작위하게 합성된 올리고뉴클레오티드는 단순하며 저효율의 기능밖에 갖고 있지 않았다. 그러나 점차 진화함에 따라 더욱 효율이 높은 기능을 갖게 선택 압력이 가해졌다고 생각된다. 그 경우 복수의 기능을 갖는 RNA를 만드는 가장 간단한 방법은, 이미 있는 RNA를 연결하여 한 가닥의 새로운 기능을 갖는 RNA를 만드는 것이다. 즉, 2개의 RNA 유전자를 융합시켜서 새로운 RNA 유전자를 만드는 것이다.

주형상에 2개의 올리고뉴클레오티드를 연결한다는 것은 무생물적으로 가능하다. 우리들은 축합제로서 사이아노이미다졸이나 브로민화사이안을 사용하여 폴리우리딜산(우리딜산의 중합체), 이미다졸, 5′-인산기를 갖는 핵사아데닐산을 금속 이온 존재하에서 중합시키면 25℃, 3일간의 반응으로 36량체까지 가닥의 올리고아데닐산을 얻는 데 성공하고 있다. 망가니즈(Mn), 코발트(Co), 니켈(Ni), 아연(Zn) 등의 2가 금속 이온은 축합 수율을 현저하게 증대시킨다.

또한 원시 RNA 리플리카아제는 무생물적으로 만들어진 올리고뉴클레오티드의 융합에 촉매가 되었는지도 모른다. 테트라히메나 rRNA의 인트론이 폴리시티딜산(시티딜산의 중합체) 중합촉매로서 기능하는 것과 마찬가지로, 어떤 RNA 분자의 3′ 말단의 모노뉴클레오티드나 올리고뉴클레오티드를 절취하여 다른

RNA 분자의 3′ 말단에 부가하여 중합해 가는 방법이 가능하다. 즉, 원시 RNA 리플리카아제는 RNA의 재배열촉매로서 기능하였는지도 모를 일이다.

RNA의 진화기구

f2, MS2, R17, $Q\beta$ 등 RNA 바이러스(파지)는 유전자로서 RNA를 지니고 있다. 이들 RNA는 바이러스의 단백질 합성의 전령 RNA(mRNA)로서 작동하여 숙주세포 내에서 RNA 리플리카아제라는 효소의 작용으로 복제된다. 리플리카아제는 숙주세포에 바이러스가 감염하였을 때만 만들어진다. $Q\beta$ 리플리카아제는 $Q\beta$ 바이러스에 감염된 대장균 추출액 중에서 발견되는 RNA 의존적인 RNA 중합요소이다.

독일의 막스플랑크 연구소의 아이겐 등은 이 $Q\beta$ 리플리카아제에 의한 RNA 자기 복제계를 모델로 사용하여 RNA의 자연선택 체계를 연구하고 있다. RNA 분자의 자기 복제 경쟁 결과 그 환경에 가장 적응된 것이 살아남는다. 이것을 마스터 쇄라고 부른다. 그러나 이 마스터 쇄도 RNA 전체에서 보면 매우 근소한 것으로, 변이 쇄 쪽이 압도적으로 많다. 이 변이 쇄의 완전한 분포를 의사종(擬似種)이라고 부른다. 자기를 복제하기 위해서는 주형으로부터 정보를 넘겨받음과 더불어 정보를 부여하는 기능노 필요로 한다. 유전자의 표현형이 오래두록 살아남기 위해서는 이 계가 유전자 자신에게 정보를 귀환(歸還, Feedback)시켜야만 한다. 아이겐은 이와 같은 이중 피드백의 사이클을 하이프사이클이라고 이름 붙이고 있다. 하이프사이클의 기본적인 사고는 다음과 같다. 즉, 〈그림 8-5〉의 ⒜에 나타

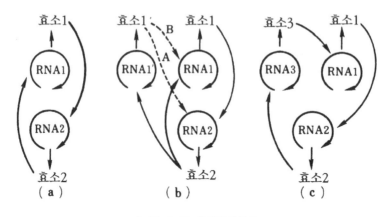

〈그림 8-5〉 하이프사이클

낸 바와 같이 RNA1이 효소1을 만든다. 이 효소1이 RNA2의
복제에 촉매가 된다. 이 RNA2는 효소2를 만들며 이 효소2가
RNA1의 복제에 촉매가 된다. 따라서 RNA1은 그 복제에 효소
2를 필요로 하며 RNA2는 효소1을 필요로 한다. 그러므로
RNA의 원료가 충분히 존재하면 RNA1도 RNA2도 서로 간에
배제하지 않고 협력함으로써 공존할 수 있다. 〈그림 8-5〉의 (b)
에서와 같이 효소2에 의해서 돌연변이화된 RNA1이 만들어지
면 RNA2와 경쟁하게 된다. 새로운 효소1′이 RNA2의 복제에
는 효소 1보다 유효하여(A), RNA1에 대해서 영향을 미치지 않
으면 RNA1은 RNA1′로 치환된다. RNA1의 복제에 효소1′이
효소2보다 유효하면(B), 2자에 의한 하이프사이클은 3자에 의
한 하이프사이클로 확정된다(〈그림 8-5〉의 (c)). 이와 같은 하이
프사이클이 RNA의 진화 과정 자연선택을 설명하기 좋은 모델
이 되는가의 여부는 현재로서는 상세한 해석이 되어 있지 않다.

단백질의 번역 시스템과 RNA의 세계

단백질의 번역 시스템

RNA의 세계로부터 현재의 생물에서 영위(營爲)되고 있는 단백질 중심의 DNA의 세계로 진화하기 위해서는, RNA와 단백질이 서로 협력하는 RNP의 세계를 통과할 필요가 있다. 현재의 생물에서는 번역 과정이 모두 효소(단백질)의 촉매작용에 의해서 행해지고 있다. 원시 생명은 단백질의 번역 시스템을 어떻게 하여 획득한 것일까?

전술한 바와 같이 단백질형의 촉매는 RNA형의 촉매에 비하면 훨씬 다양성이 풍부하다. 그러므로 원시 수프 속에 아미노산이 존재한 시대로부터 이 아미노산을 사용하여 유용한 단백질을 만들 수 있게 되면 생존경쟁에 매우 유리하게 된다. 그러므로 비교적 빠른 시기부터 단백질 합성계를 구축하게 하는 선택 압력이 가해진 것으로 생각된다.

바이러스 RNA의 3′ 말단 tRNA 모양의 구조

세균이나 식물의 외가닥 RNA 바이러스는 그 3′ 말단에 tRNA 모양의 구조를 지니고 있다. 이들의 구조는 기능적으로도 tRNA와 흡사하다. 바이러스 RNA는 CCA 부가효소(tRNA 뉴클레오티딜트랜스퍼라아제), 수식효소(tRNA 메틸트랜스퍼라아제), 펩티딜-tRNA 가수분해효소와 같은 tRNA 대사계 효소의 기질이 될 수 있다. 예컨대, tRNA의 CCA 말단에 아미노산을 부가하는 아미노아실-tRNA 합성효소는 많은 바이러스의 RNA에 아미노산을 특이적으로 부가하는 것(아미노아실화)이 가능하다.

예컨대, 순무 황반 모자이크 바이러스의 RNA는 발린, 담배 모자이크 바이러스는 히스티딘, 브로민 모자이크 바이러스는 티로신을 각각 3′ 말단에 부가한다. 그러나 이와 같은 구조의 바이러스 내에서의 역할에 대해서는 아직 알려지지 않았다.

단백질의 원시 합성 시스템

3′ 말단의 tRNA 모양 구조가 모자라는 RNA 리플리카아제 변이체는 아미노아실-tRNA 합성효소로서 기능하였을 가능성이 있다. 〈그림 8-6〉에 나타낸 바와 같이 RNA에서 아미노산으로의 번역 최초의 단계는, 변이 RNA 리플리카아제에 모노뉴클레오티드를 공유결합으로 정확히 결부시키는 것이다. 다음으로 RNA 리플리카아제와 모노뉴클레오티드로부터 형성된 활성적인 인산 디에스테르 결합이 염기성의 아미노산과 반응하여 새로이 높은 에너지의 아미노아실-NMP를 생성한다. 이 반응은 활성 부위에서만 야기된다. 따라서 리플리카아제는 활성 부위에 특이적인 친화성을 갖는 아미노산을 활성화할 수가 있다. 활성화된 아미노산은 다음으로 다른 tRNA와 흡사한 구조를 갖는 리보자임의 3′ 말단 CCA로 이전한다. 이것으로 아미노아실화 반응이 완결된다. tRNA 모양 구조를 지닌 리보자임의 리플리카아제로의 결합은, 리플리카아제 내부의 뉴클레오티드 배열(GGU)이 3′ 말단 tRNA 모양 구조의 CCA와 염기쌍을 만듦으로써 안정화된다. 이것은 오늘날 tRNA의 아미노아실화 반응과 본질적으로 동일하다.

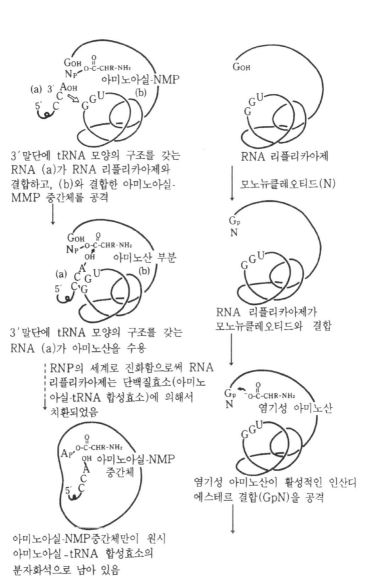

3′말단에 tRNA 모양의 구조를 갖는
RNA (a)가 RNA 리플리카아제와
결합하고, (b)와 결합한 아미노아실-
MMP 중간체를 공격

3′말단에 tRNA 모양의 구조를 갖는
RNA (a)가 아미노산을 수용

RNP의 세계로 진화함으로써 RNA
리플리카아제는 단백질효소(아미노
아실-tRNA 합성효소)에 의해서
치환되었음

아미노아실-NMP중간체만이 원시
아미노아실-tRNA 합성효소의
분자화석으로 남아 있음

RNA 리플리카아제

모노뉴클레오티드(N)

RNA 리플리카아제가
모노뉴클레오티드와 결합

염기성 아미노산이 활성적인 인산디
에스테르 결합(GpN)을 공격

〈그림 8-6〉 원시적인 단백질 합성 모델(Weiner 등, 1988)

RNA와 단백질은 서로 돕는다

원시 tRNA 합성효소는 인산의 (-)전하를 많이 지니고 있으므로 (+)의 전하를 지니는 염기성 아미노산, 예컨대 아르기닌, 리신, 히스티딘 등과 결합하기 쉬웠다고 생각된다. 최근 테트라히메나의 자기 스플라이싱하는 전구체 리보솜 RNA의 인트론에 아미노산이 결합될 수 있는 부위가 존재한다는 것이 발견되었다. 천연의 아미노산 중에서 아르기닌이 가장 강하게 결합하였다. 아르기닌에서도 L형 쪽이 D형 쪽보다도 강하게 결합될 수 있다. 아르기닌은 구아닐산의 결합 부위에 결합하나 그 결과 자기 스플라이싱이 저해된다. 이것은 아르기닌과 구아닐산 구조의 유사성에 의한 것으로 보인다. 실제 아르기닌은 뉴클레오티드와 상보적인 구조를 형성하는 것이 가능하다.

아미노산이나 펩티드에 의한 RNA의 (-)전하 중화는 RNA 효소를 안정화하거나 기질 RNA의 접근을 긴밀하게 하여 반응을 촉진시키는 데 유용하다. 이와 같은 역할은 염기성 단백질의 프로타민이 DNA의 (-)전하를 중화하여 정자의 머리 부분으로의 DNA 충전을 촉진하거나, DNA가 염기성 단백질의 히스톤에 감겨 있는 염색체의 비드(Beads) 구조를 만드는 것과 흡사하다.

리보뉴클레아제 P의 RNA 성분도 단백질의 도움을 빌리면 촉매활성이 현저히 상승한다는 것이 알려져 있다. 이 경우에도 염기성 단백질 성분이 RNA 성분의 (-)전하를 중화하고 분자 간의 반발을 약화하며 기질과 촉매 표면의 접촉 시간을 증가시키는 역할을 하고 있다. 고등생물의 스플라이싱은 RNA와 단백질의 복합체인 스플라이세오솜에서 행해진다. 또한 mRNA로부터 단백질로의 번역은 리보솜이라는 RNA와 단백질의 집합체상에서 행해진다.

RNA는 최초에 단백질의 도움을 받아 촉매의 설계를 행하였을지도 모를 일이다. RNA가 자기에게 필요한 단백질을 스스로 만들어 내는 장치(단백질 합성계)를 만들었을 때로부터 진화는 더욱 가속화되어 현재의 생명체로 향하였던 것으로 생각된다. 그러기 위해서는 유전코드의 결정이라는 난문제를 해결해야만 했을 것이다. 유전코드가 존재하면 RNA 염기의 배열 정보를 특정 아미노산에 할당하여 지정하는 단백질의 합성이 가능하게 된다. 이 유전코드의 기원에는 생명의 기원이 가장 본질적인 문제이다. 다음으로 이 유전코드의 기원에 관해서 알아보자.

유전코드(유전암호)의 기원

입체화학설

64종 트리플렛 코돈(Triplet Codon)과 20종 아미노산의 대응 관계는 어떻게 하여 생겨난 것일까? 왜 아미노산은 20종이며 또한 L형만이 선발된 것일까? 지금까지 유전코드의 기원에 대해서는 크게 나누어 두 가지 가설이 있다. 한 가지는 입체화학설(立體化學說)이며 다른 한 가지는 우연동결설(偶然凍結說)이다. 입체화학설은 유전코드가 RNA와 아미노신 시이의 입체 구조적인 상호작용에 의해서 선택되었다는 사고이다.

유전코드가 완성되기 전부터 아미노산의 배열과 핵산배열의 대응 관계를 탐색하는 시도가 이루어져 왔다. 예컨대, 가모프는 왓슨과 크릭이 이중나선의 모델을 제출한 직후 1953년 유전코

264

드에 관한 한 가지 가설을 제출하였다. 그것은 DNA 겹가닥 사이의 구멍에 대응하는 아미노산이 끼어들어 그곳에서 아미노 산이 중합된다는 생각이었다. 이것은 매우 간단한 모델이나 현재는 부정되고 있다. 그 대신에 tRNA의 안티코돈 부분과 아미노산 사이의 상관관계를 찾아내는 시도가 지금까지 많이 행해져 왔다. 그러나 입체화학설을 뒷받침하는 실험적 확증은 아직 얻어지지 못하고 있다.

입체화학설에 관해서는 갖가지 실험 결과나 가설이 제출되고 있으나 최근 우주연구소의 시미즈(淸水幹夫) 씨는 핵산 염기의 특이적 인식에 관해서 C4N 모델이라고 이름 붙인 가설을 제출하고 있다. tRNA의 3′ 말단 4번째에 있는 식별 염기라는 아미노산에 특이적인 염기가 안티코돈의 3염기와 결합하여 4염기 복수체(C4N)를 만들 때, 그 위에 특이적인 구멍이 형성되어 대응하는 아미노산하고만 열쇠와 열쇠 구멍 관계로 결합한다는 생각이다. 실제로 tRNA나 디뉴클레오티드와 아미노산의 상호작용이 분광학적 방법이나 반경험적인 계산으로 조사되고 있다. 이 설에 의해서 왜 20종류의 아미노산이 선택되었는가, 왜 L형의 아미노산이 선정되었는가를 잘 설명할 수 있을 것이다.

제2의 유전코드, 파라코돈

앞에서 설명한 바와 같이 tRNA는 입체적으로 L자형 구조를 취하고 있다. 지금까지 이 뉴클레오티드의 병렬 방법에 근거한 입체 구조에 아미노산을 선택하는 제2의 유전코드가 있는 것이 아닌가 생각되어 왔다. 그러나 아미노산을 tRNA에 붙이는 아미노아실-tRNA 합성효소에 박혀 있는 제2의 유전코드는 지금

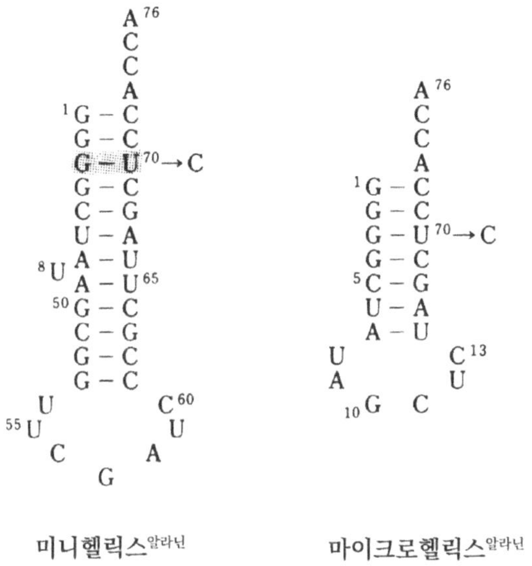

```
                          A 76
                          C
                          C
                          A
              ¹G – C                        A 76
               G – C                         C
               G – U 70→C                    C
               G – C                         A
               C – G              ¹G – C
               U – A               G – C
          ⁸U  A – U                G – U 70→C
              A – U 65             G – C
          ⁵⁰G – C                 ⁵C – G
               C – G               U – A
               G – C               A – U
               G – C          U          C 13
          ⁵⁵U         C 60     A          U
             U         U      ₁₀G  C
             C     A
                G
```

미니헬릭스알라닌   마이크로헬릭스알라닌

〈그림 8-7〉 미니tRNA(Francklyn, Schimmel, 1989)

까지 불분명하다.

미국의 생화학자 쉼멜(Schimmel) 등은 이 제2의 유전코드가 작동하는 한 가지 기구를 발견하였다. 알라닌에 대응하는 tRNA의 아미노산 수용 스템 부분의 대합을 이루고 있는 3번째 G와 70번째 U를, 다른 염기, 예컨대 A와 U 등으로 치환하면 안라닌이 붙지 않게 된다. 또한 시스테인이나 페닐알라닌에 대응하는 tRNA의 3번째 C와 70번째 G를 G와 U로 치환하면 알라닌이 결합하게 된다. 이 사실은 아미노산 수용 스템 부분의 헬릭스 구조 부분을 G와 U와 같은 느슨한 대합으로 변경하면, 아미노산 수용 스템 부분의 구조가 변화하여 알라닐-tRNA 합성효소가 인식되게 되었다는 것을 의미하고 있다.

더욱이 쉼멜 등은 〈그림 8-7〉에 도시한 바와 같이 알라닌의 tRNA의 아미노산 수용 스템과 TΨC 팔 부분만을 연결시킨 36 뉴클레오티드로 이루어지는 미니헬릭스나, 아미노산 수용 스템과 DHU 스템의 일부를 연결시킨 24 뉴클레오티드로 이루어지는 마이크로헬릭스를 합성하여 알라닌의 수용활성을 조사하였다. 그 결과 미니헬릭스와 마이크로헬릭스 같은 작은 tRNA 유사 구조체에서도, 알라닌 수용활성은 원래의 tRNA에 비하면 낮으나 그래도 유의한 활성을 갖고 있었다. 이 경우에도 아미노산 수용 스템 부분의 G/U 쌍을 G/C 쌍으로 변하게 하면 알라닌의 수용 활성은 완전히 소실되어 버렸다.

tRNA의 염기배열을 변경하면 결합하는 아미노산이 변화한다는 것은 지금까지도 알려져 있었다. 예컨대, 류신에 대응하는 tRNA의 안티코돈 이외 부분의 12개 뉴클레오티드를 변경하면 세린이 결합되게 된다. 또한 안티코돈의 5′ 측과 3′ 측의 염기배열을 변경하여도 코돈의 인식 효율은 그렇게 변화하지 않는다. 그러나 최근 요코하마국립대학의 미야자와 씨와 도쿄대학의 요코야마 씨는, 대장균의 이소류신에 대응하는 tRNA 안티코돈의 첫 문자의 수식 염기(사이토신에 아미노산의 리신이 연결된 것)를 보통의 사이토신으로 변경시키면, 원래의 이소류신이 결합하기 어렵게 되며 대신 메티오닌이 잘 결합되게 된다는 것을 발견하였다. 이들 결과는 안티코돈의 첫 문자의 염기 구조나 아미노산 수용 스템 부분의 구조가 코돈의 인식에 매우 중요하다는 것을 시사하고 있다.

록펠러대학의 데-듀브는 아미노아실-tRNA 합성효소에 의해서 인식되는 tRNA의 아미노산 수용 스템 부분을 '파라코돈'이라고 부를 것을 제창하고 있다(〈그림 4-3〉 참조). 원시 tRNA는 아미노산과 직접 상호작용하여 그것을 운반할 수 있는 짧은 가닥의 올리고뉴클레오티드였다고 생각된다. 진화의 과정에서 tRNA의 주 골격은 변경되어 버렸지만 그 상호작용의 구조적 특질만은 파라코돈에 남아 있는지도 모를 일이다. 한편 안티코돈은 tRNA가 더욱 진화하는 과정에서 나타났을 것이다.

우연동결성

유전코드의 기원에 관한 다른 한 가지 가설인 우연동결설은 크릭에 의해서 제출된 설로서, 핵산으로부터 아미노산의 번역 시스템이 만들어질 때에 유전코드와 아미노산의 대응관계가 어느 때 우연히 결정되어 그것이 그 이후 고정되었다는 사고이다. 크릭은 이것보다 먼저 애다프타 가설을 주창하고 있다. 즉, 크릭은 핵산의 염기배열과 아미노산을 직접 대응시키는 데에는 무리가 따르기 때문에 각 아미노산을 식별하며 또한 염기배열도 식별되는 2가지 기능을 지닌 중개 분자(애다프타)가 정보 전달에 관여하는 것일 것이라고 생각했다. 오늘날 그 애다프타는 tRNA라는 것이 알려져 있다. 그러므로 크릭은 핵산의 염기배열과 아미노산의 구조상 상호작용 관계는 아무것도 존재하지 않는다는 입장을 취해 왔다. 우연동결설에 의하면 유전코드는 그때의 환경에 적응하도록 훌륭하게 선택되었으므로 그 후 변경되는 일은 있을 수 없고 보편적이어야만 한다는 것이다. 그러나 1980년대에 이르러 미토콘드리아에서는 종료 코돈의 UGA를 트립토판으로 판독하는 등의 이상한 유전코드가 무수히 발견된 것에 의해서 유전코드의 보편성은 허물어져 갔다.

따라서 이 보편적인 우연동결설도 최근에는 의문시되고 있다.

역전사와 DNA의 세계

RNA로부터 DNA의 세계로

생명으로서 복잡화됨에 따라 RNA는 유전물질로서 적당하지 않게 되어 버렸다. RNA의 세계로부터 DNA의 세계로 인도된 선택 압력은 무엇이었을까? 다음과 같은 요인이 고려된다. 즉, (1) RNA는 수용액 중, 특히 알칼리성 용액 중에서 고온과 아연 이온과 같은 천이(遷移)금속 이온의 존재하에서 신속히 가수분해된다. 그러나 DNA는 이와 같은 조건하에서도 안정하다. (2) RNA 리플리카아제는 수복기능을 지니고 있지 못하였다. 그러므로 RNA 유전자에 고빈도로 변이가 일어나 버렸다. DNA의 현재 복제계는 고도의 수복기능을 지니고 있다. (3) 핵산 염기 중 어떤 것은 화학작용에 대해서 불안정하다. 예컨대, 사이토신은 탈아미노화되어 우라실이 된다. RNA 의존의 효소에는 이 탈아미노화한 것을 수복하는 기능이 없다. DNA의 경우에는 우라실-DNA 글리코실라아제에 의해서 수복된다. (4) 자외선 조사는 겹가닥 DNA보다도 외가닥 RNA에게 더 큰 손상을 준다는 것 등이다.

현재의 생물에서는 데옥시리보뉴클레오티드로부터 리보뉴클레오티드 2인산 환원효소에 의해서 생합성된다. 데옥시리보뉴클레오티드는 앞에서 설명한 바와 같이 무생물적으로는 거의 만들어질 수 없다. 그러므로 리보뉴클레오티드의 2′-수산기를 환원하여 데옥시리보뉴클레오티드로 만드는 효소의 출현이 DNA 세계의 열쇠를 쥐고 있다고 생각된다. 데옥시리보뉴클레오티드가 생기고 복제효소 중에서 이것을 사용하여 RNA로부터 DNA를 카피할 수 있는 것이 나타난 것이다.

역전사

그러면 RNA로부터 DNA를 최초로 카피하는 효소는 어떤 것이 있을까? 레트로바이러스라고 불리는 RNA 바이러스의 1군은 RNA로부터 DNA를 만들어 낼 수 있다. 레트로바이러스가 세포에 감염되면 바이러스 RNA를 주형으로 하여 바이러스 DNA가 만들어지며, 이 바이러스 DNA가 숙주세포의 DNA 속에 융합된 후 발현하여 새로운 바이러스가 만들어진다. 병원성의 레트로바이러스는 자연계에 넓게 분포하고 있다. 예컨대, 조류, 쥐, 고양이, 원숭이, 소 등의 백혈병 바이러스나 사람에게 AIDS를 일으키는 바이러스가 있다. 사람의 AIDS 바이러스는 HIV라고 부른다. 레트로바이러스는 RNA를 주형으로 하여 DNA를 합성한다. 이 과정을 '역전사'라고 하며 역전사효소의 촉매작용으로 행해진다. 역전사효소는 1990년에 미국의 미생물학자 테민(Temin)과 볼티모어(Baltimore)에 의해서 레트로바이러스로부터 발견되었다.

역전사효소는 레트로바이러스에만 존재한다고 생각되어 왔으나 최근 그 이외에도 자연계에 널리 존재한다는 것이 알려지게 되었다. 예컨대 B형 간염 바이러스, 꽃양배추 모자이크 바이러스, 초파리나 효모의 트랜스포손(Transposon: 움직이는 유전자)과 곰팡이 미토콘드리아의 DNA에도 존재하고 있다. 각각의 효소

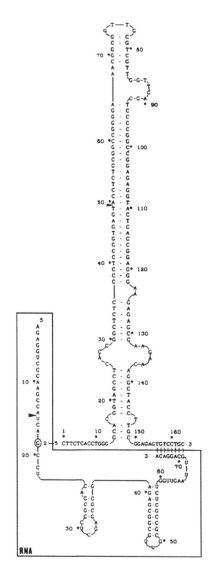

〈그림 8-8〉 점액세균의 DNA에 연결된 분지상 RNA의 2차 구조(Furichi,
Inoue, 1987)

에는 상호 간에 높은 아미노산 배열의 상동성이 보인다.

극히 최근 역전사효소는 원핵생물인 세균에도 존재하고 있다는 것이 판명되었다. 뉴저지 의과 치과대학의 이노우에 씨 등은 토양세균인 믹소박테리아(Myxobacteria, 점액세균)와 환자로부터 단리된 대장균에서, 뉴욕대학의 림 등은 대장균 B주에서 각각 역전사효소가 존재하고 있다는 것을 독립적으로 밝혀내었다. 이들 세균의 유전자는 '레트론'이라고 불리며 역전사효소를 코드화하는 영역을 지니고 있다. 이 역전사효소의 아미노산 배열은 지금까지 알려진 여러 가지와 매우 유사하다. 역전사효소에 의해서 합성된 위성 DNA는 멀티카피(Multicopy) 1중쇄 DNA라고 불리는 163염기로 된 DNA로 이루어져 있으며, 그 5′ 말단에는 76염기로 구성되는 구아닌 잔기의 부분에 2′, 5′ 결합으로 분지(分技)된 RNA가 붙어 있는 기묘한 형상을 하고 있다(그림 8-8).

역전사효소

레트로바이러스의 역전사효소에 의한 RNA로부터 DNA의 합성은 다음과 같이 행해진다. 5′ 말단으로부터 셈하여 100~200뉴클레오티드 부근에 18뉴클레오티드의 합성을 개시시키는 프라이머가 결합하는 부위가 있다. 그곳에는 tRNA의 3′ 말단이 결합하여 프라이머가 되며 그 3′ 말난에 데옥시뉴클레오티드가 덧붙어 감으로써 중합이 진행된다(〈그림 8-9〉의 a). DNA가 5′ 말단까지 합성되면 역전사효소가 갖고 있는 리보뉴클레오티드의 H의 작용(RNA와 DNA의 이중쇄 중 RNA 가닥만을 절단함)에 의해서 RNA 부분이 분해된다. 외가닥으로 된 DNA는

272

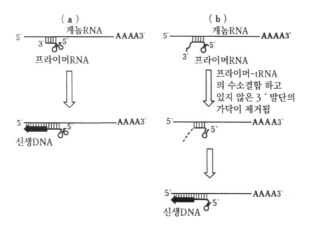

〈그림 8-9〉 역전사 개시의 체계(Kikuchi, 1987)

3′ 측의 RNA와 대합을 만들어, RNA 유전자를 주형으로 하여 3′ 측으로부터 상보적인 DNA가 만들어진다. 다른 한쪽의 DNA 가닥은 RNA 유전자의 절단된 3′ 말단의 프라이머에 합성된 외가닥 DNA를 주형으로 사용하여 합성된다.

염색체상을 움직이는 유전자(트랜스포손)의 존재가 발암 체계에 관련이 있다고 하여 주목의 대상이 되고 있다. 최근 미쓰비시 화성 생명과학연구소의 시바(柴忠義) 씨(현 기타사토대학) 등은 초파리의 배양세포 중에서 움직이는 유전자 '코피아'의 전사물(RNA)을 지닌 레트로바이러스 모양 입자를 발견하였다(그림 8-10). 지금까지 레트로바이러스는 척추동물에서만 발견되고 있었는데, 곤충에게 존재하고 있다는 것은 이것이 최초의 발견이다. 그 후의 연구로서 이 레트로바이러스 모양의 입자는 역전사효소를 갖고 있다는 것이 명백해졌다. 같은 연구소의 기쿠치(菊地洋) 씨는 이 레트로바이러스 모양 입자에서는 tRNA의 3′

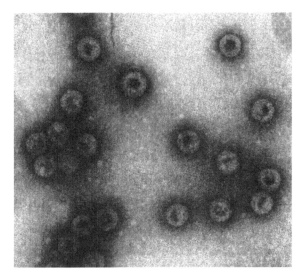

〈그림 8-10〉 초파리의 움직이는 유전자 코피아의 전사물(RNA)을 지니는
레트로바이러스 모양 입자의 전자현미경 사진(近菌後三, 柴忠
義 씨 제공). 입자의 크기는 지름 50㎚

말단에서가 아니라, 오히려 5′말단 측에 가까운 중간쯤의 15
뉴클레오티드의 배열이 RNA 유전자의 특정 부위와 수소결합하
고 프라이머가 된다는 것을 발견하였다(〈그림 8-9〉의 b). RNA
유전자와 상보 쇄를 만들지 못하는 3′말단부는 어떠한 기구에
의해서 제거된다.

　이와 같은 역전사 체계는 RNA로부터 DNA로의 이행기의 옛
모습이 남아 있는 분자화식일 것인기? 〈그림 8-9〉의 b 모델과
같이 프라이머의 tRNA의 3′말단부가 제거되는 지구가 있으면
최초부터 깨끗하게 갖추어질 필요가 없고, tRNA와 상보 쌍을
만드는 것이 가능하다면 어떤 장소로부터도 DNA 합성이 개시
될 수 있는 장점이 있다.

또한 앞서 말한 바와 같이 점성세균이나 대장균 B주의 역전사효소계에서는 〈그림 8-7〉에 제시한 바와 같이 DNA-RNA 복합체로서 RNA가 주형으로 작동하여, RNA와 상보적 염기쌍을 만들고 있는 DNA 부분이 프라이머로서 작용하고 있는 것으로 보인다. DNA의 합성은 RNA 분지 구조의 위치에서 끝난다.

더욱 흥미로운 것은 붉은빵곰팡이 미토콘드리아의 플라스미드의 역전사효소는 그 3′ 말단에, 식물 RNA 바이러스의 3′ 말단 구조와 유사한 tRNA 모양의 구조를 갖는 RNA를 주형으로 사용하고 있다는 것이 오하이오주립대학의 구이파 등에 의해서 최근 밝혀졌다. 이와 같은 RNA의 3′ 말단에 tRNA 모양 구조를 갖는 RNA를 주형으로 사용하는 DNA 합성 시스템은, RNA로부터 DNA로의 이행기의 옛 모습이 남아 있는 원시 생명의 분자화석일지도 모를 일이다. 이처럼 역전사의 체계는 다양하다는 것이 특징이다.

역전사효소의 조상

최근 레트로바이러스 역전사효소의 아미노산 배열과 매우 흡사한 배열이 분류적으로 다른 바이러스나 트랜스포손 등에 존재하고 있다는 것이 알려지게 되었다. 그렇다면 이들 역전사효소의 공통의 조상은 무엇이었을까? 바이러스였을까? 트랜스포손이었을까?

규슈대학의 미야타(宮田降) 씨는 컴퓨터를 사용한 유전자 해석에 의해서 그 조상을 다음과 같이 생각하고 있다. 현재의 백혈병 바이러스에 가까운 구조를 갖는 레트로바이러스가 곤충의 염색체 속에 삽입되어, 내재성(內在性) 바이러스와 같은 상태를 거쳐 트랜스포손화하였다. 뒤이어 곤충과 식물의 공생 관계를 통하여 역전사효소의 정보를 떠맡고 있는 DNA 단편이 꽃양배추 모자이크 바이러스의 조상 바이러스에 삽입되어 새로운 바이러스가 만들어졌다. 즉, 역전사효소의 유전자는 레트로바이러스로부터 곤충의 트랜스포손으로, 또다시 식물 바이러스로 전달되었다고 생각된다.

또한 니가타대학의 오니시(大西耕二) 씨는 아미노산 배열의 상동성 해석에 의해서, 역전사효소는 원래 숙주에 있었던 원시적인 DNA 폴리머라아제의 유전자 중복에 의해서 만들어져 DNA 폴리머라아제와 더불어 경쟁적으로 진화하여 온 것이라고 생각하고 있다. 그것은 역전사효소가 DNA 의존의 DNA 폴리머라아제 활성을 갖고 있다는 것에서도 수긍이 간다.

역전사는 RNA로부터 DNA로의 이행기의 유전자 전달 메커니즘이었음이 틀림없다. 바이러스에 특이적이라고 생각되었던 역전사효소는 진화 과정을 해명하는 열쇠를 거머쥐고 있음이 틀림없을 것으로 보인다.

에필로그

이 책에서는 RNA의 다채로운 기능에 심혈을 기울여 소개하였다. 넓은 범위에 걸쳐 있기 때문에 초점이 조금 흐려진 아쉬움이 없지 않다. 그것은 뒤집어 보면 RNA가 매우 다양한 기능을 지니고 있기 때문이며 그 다양성을 이해해 준다면 다행일 것이다.

RNA는 DNA에 비해 유연한 구조이기 때문에 여러 가지로 입체 구조를 취하는 것이 가능하다. 그 때문에 지금부터라도 생각지도 못하였던 불가사의한 기능을 갖는 RNA가 발견될 가능성이 높다. 최근의 과학 잡지 『Nature』이나 『Science』를 보고 있으면 RNA의 기능에 관한 보고가 많다. 자기 스플라이싱이 발견된 것은 테트라히메나이며, RNA의 편집이 발견된 것은 트리파노소마이고, 양자 모두 하등 진핵생물의 일종인 원생생물이다. 또한 자기 스플라이싱은 곰팡이나 효모의 미토콘드리아나 식물의 엽록체 등에서 많이 발견되고 있다. 그러므로 하등 진핵생물이나 세포 내 소기관인 미토콘드리아 및 엽록체에는 옛 RNA 세계의 시대가 유물로 남아 있는지도 모를 일이다. 특히 미토콘드리아에서는 tRNA의 TΨC arm이나 D arm이 결실되어 있거나, 세포질에서는 종료 코돈인 UGA를 트립토판으로 판독하거나, 인트론을 지니고 있거나 하여 세포질과 비교할 때 상당히 다른 것이다. 현재 미토콘드리아의 기원은 원시 진핵세포에 호기적 세균이 기생하였다는, 소위 공생설로 설명되고 있다. 미토콘드리아는 공생에 의해서 유전자의 크기가 작아졌으며 불

필요하다고 생각되는 부분은 절제되어 버렸거나 또는 원시 생명 시대의 유물을 소중하게 지니고 있는 생물이거나 둘 중 하나일 것이다. 여하간에 미토콘드리아나 엽록체는 이후 진화를 살피는 데 있어서 흥미로운 실험 재료일 것이다. tRNA, rRNA, mRNA가 관여하는 단백질 합성계 연구가 RNA학 제1의 융성기라고 한다면, 현재의 핵의 스플라이싱, 자기 스플라이싱, 리보뉴클레아제 P, 바이로이드나 바이러소이드의 자기 절단하는 RNA 연구는 RNA학 제2의 융성기라고 말할 수 있다. 1989년 10월 미국 콜로라도대학의 체크와 예일대학의 알트만은 RNA 촉매의 업적에 의해서 노벨 화학상을 수상하였다. 이것을 기회로 RNA학의 새로운 전개에 있어 한층 더 활기를 띠게 될 것으로 생각된다.

　1988년 미국 콜드 스프링 하버(Cold Spring Harbor)에서 개최되었던 RNA 프로세싱에 관한 국제회의에 참가하였을 때 여성 참가자가 많은 데 놀랐었다. 1/3은 여성 연구자였다. 미국에서 개최되는 학회에 참가하면 언제나 느끼는 것은 그 연구자층이 매우 두텁다는 점이다. 어떤 분야에서도 200~300명은 모인다. 참으로 부럽다. 현재 일본에서는 DNA를 연구하는 사람 쪽이 RNA를 연구하는 사람에 비해 압도적으로 많다. 젊은 사람들이 이 기회에 매력적인 RNA의 연구 분야에 참가해 줄 것을 기대하고자 한다.

　현재 합성하거나 가공하거나 한 DNA를 사용하여 임의적 배열의 단백질을 만드는 '단백질공학'이 붐을 이루고 있다. 그것과 마찬가지 방법으로 DNA로부터 임의적 배열의 RNA를 효소적으로 만들거나 화학합성적으로 만드는 것도 가능하다. 실제로 mRNA에 상보적인 안티센스 RNA라는 RNA 가닥을 만들어 RNA 바이러스의 증식 억제에 사용하거나, 해머헤드 구조라고 불리는 RNA 단편을 합성하여 식물 바이러스의 증식 저지에 사용하거나 하는 시도가 이루어지고 있다. 또한 리보자임을 개조하여 RNA의 임의적 배열의 어느 곳을 절단하는 제한효소를 만들거나, tRNA를 개변한 비단백질성 아미노산을 취입시킨 단백질을 만들거나 하는 시도도 행해지고 있다. 이후 이와 같은 'RNA공학'이 응용 면에서도 주목받게 될 것이다.

이 책에서는 또한 생명이라고 불릴 최초의 RNA 세계(World)의 출현 시나리오에 대해서도 해설하였다. 그러나 RNA 세계의 연구도 이제 막 시작한 처지로 문제점이 많다. 참다운 자기 복제 촉매를 발견해야만 한다. 또한 생성의 용이함에서 생각할 때 당시 압도적으로 존재하고 있었다고 생각되는 단백질과 어떻게 매듭을 지었는가 등, 많은 의문을 추후 해결해야만 한다.

지구상에 생명이 탄생하여 30억 년이 경과된 다음 인간이 겨우 자기 루트의 원점을 과학적으로 밝힐 수 있는 시기에 접어들었다. 우리들은 도대체 어디에서 온 것일까? 누구나 가지고 있는 이 소박한 의문을 풀 열쇠를 RNA가 거머쥐고 있다는 것은 틀림없다.

이 책 속에 기술한 우리들의 연구는 고지마(小島淸闕), 가네타니(金谷榮子), 고바야시(小林憲正), 후루나(占田吐幸), 쓰노(津野勝重), 오가와(小川洋子), 야기다(八木夕起子), 이토(伊藤雅歩), 이토지마(系島由起子) 등 여러분의 협력에 의해서 이루어진 것이다. 이들에게 깊이 감사하고자 한다. 또한 의의 있는 토론이나 비평을 해주신 미쓰비시 화성 생명과학연구소의 기쿠치(菊池洋), 박진숙,

곤도(近蘇俊三) 씨를 비롯하여 많은 분들에게 감사의 뜻을 보낸다. 또한 귀중한 사진을 제공해 주신 분들에게도 깊이 감사하고자 한다.

경제적 및 기술적인 원조를 해 주신 미쓰비시 화성 및 미쓰비시 화성 종합연구소의 여러분들에게도 감사드린다. 그리고 우리들의 RNA학 연구에 대해서 이해해 주시고 따뜻한 격려와 의의 있는 토론을 해 주신 미쓰비시 화성 생명과학연구소의 이마호리(今獨和友) 소장님에게도 깊이 감사드린다.

원고 정리와 내용의 표현 등에 대해서 매우 적절한 충고와 비판을 해 주신 고단샤 블루백스 편집부의 후지이(藏井俊雄) 씨에게도 마음속으로부터 감사를 드리는 바이다.

야나가와 히로시

RNA 이야기

생명의 시작에서 리보자임, 에이즈까지

초판 1쇄 1991년 12월 15일
개정 1쇄 2019년 04월 22일

지은이 야나가와 히로시
옮긴이 김우호
펴낸이 손영일
펴낸곳 전파과학사
주소 서울시 서대문구 증가로 18, 204호
등록 1956. 7. 23. 등록 제10-89호
전화 (02)333-8877(8855)
FAX (02)334-8092
홈페이지 www.s-wave.co.kr
E-mail chonpa2@hanmail.net
공식블로그 http://blog.naver.com/siencia

ISBN 978-89-7044-000-0 (03470)
파본은 구입처에서 교환해 드립니다.
정가는 커버에 표시되어 있습니다.

도서목록

현대과학신서

도서목록

BLUE BACKS